PETS *and the* CITY
寵物和城市

一位出診獸醫與她的貓狗客戶，
以及他們的真實生活

Amy Attas
艾咪・阿塔斯醫師——著
吳國慶——譯

TRUE TALES OF A MANHATTAN HOUSE
CALL VETERINARIAN

《寵物和城市》各方好評推薦

身為一個多貓多狗的照顧者，除了自家的孩子們之外，生活中有很大比重是在照顧中途救援來的貓咪們，所以跟獸醫師維持良好並且緊密的醫病關係是非常重要的。在台灣，醫病關係其實一直不是那麼地健康，更可以說是獸醫師其實常常沒有獲得應有的尊重。身邊的獸醫師朋友也會跟我分享他們的經歷，遇到專門把網路當獸醫的主人，真的是完全不會把「真人獸醫」的話聽進去的。其中當然也是有好玩的事情，我的獸醫跟我分享，他開藥給來就診的狗狗，請飼主一天三次，早午晚餐後給藥，結果飼主說：可是我沒有吃早餐的習慣欸。不要懷疑，這些都是真實發生的!!

我們常常看見飼主與毛孩之間的故事，但這些故事鮮少從獸醫師的視角出發。這位來自紐約的出診獸醫阿塔斯醫師，記錄下了每個飼主與動物之間故事；我覺得她用了一個很珍貴的角度來理解醫病關係，同時也用一個柔軟又有溫度的方式，來讓大家學習面對毛孩子生命的起承轉合。書中有很多的溫馨故事，也有傷痛的故事，還可以從醫生的視角，看見各種不同類型的家長。我必須說，或許讀著讀著，你也會看見自己呢！

而且，可能因為是從獸醫師的立場出發記錄下這每一個故事，對於害怕自己會太過脆弱、被觸碰到情緒的人，也可以放心地閱讀。這些故事對於情緒的鋪陳恰到好處，理性地敘述著每一個故事經過，但在閱讀後，依然可以獲得滿滿的溫暖與療癒，絕對是每一個毛孩飼主都需要珍藏的作品！

——邵庭（毛孩界的暖心藝人）

在紐約這樣一座快節奏的大城市裡，有一位特別的獸醫——阿塔斯醫師。她不在診所裡等著毛孩來，而是親自提著醫療包，穿梭在城市的每一個角落，為狗狗貓咪們送去最溫柔的照顧。

《寵物和城市》所記錄的，是她三十多年來出診的真實故事。從明星豪宅、超模的頂樓公寓，到沒有電梯的老舊大樓、甚至囤積者的擁擠住所，她用同樣的專業與耐心，走進每一個家庭。有時是幫癱瘓的狗狗復健、有時是替年邁的貓咪舒緩不適，也有不少時候，是陪著主人走過告別的那一刻。她把醫療帶進了日常，讓人深刻感受到，照顧毛孩原來可以這麼貼近生活、這麼有溫度。

更難得的是，書裡用輕鬆卻真誠的語氣，傳遞了許多重要的飼養觀念。像是節育不是殘忍，而是一種保護——不節育的毛孩，隨著年齡增長，有極高機率罹患子宮蓄膿或乳腺、睪丸腫瘤。定期健檢也能早一步發現潛在病因，而毛孩的行為變化，有時正是牠們在向我們求助。

她也讓我們明白，就算疾病讓牠們失去一條腿、少了一隻眼睛，牠們一樣可以快樂奔跑、自信生活，只要我們願意多一點耐心和理解。阿塔斯醫師不只是醫治，更是在教我們，怎麼做一個真正有責任感的飼主。

這是一本能讓人微笑、也會讓人紅了眼眶的書。對每一位曾經愛過毛孩的人來說，它都像是一封溫柔的信，提醒我們：牠們的世界，需要我們多一點用心。

——潘慧如（藝人，「3天2夜」寵物旅館創辦人）

我很久沒有看關於寵物的作品了。

無論是電影、劇、書，在失去了自己的毛孩子後，任何會讓我想起他們的文字和影像，我都抱著有點逃避的心態。

直到我看了《寵物和城市》這本書。

除了催淚的內容，這本書特別的地方是，因為作者阿塔斯從小立志成為獸醫，她分享了自己為達成目標所付出的努力。有些經驗不只適用於她的行業，或許也可以為正在迷茫的你提供一些方向。

雖然我自己沒有養寵物了，但平常走在路上遇到了貓狗，如果我能被他們青睞，或是得到主人的允許摸個兩下，那種幸福感，會讓我一整天都會覺得非常美好。

不知道大家有沒有看過一部電影，是由威爾．法洛（Will Ferrell）主演的《精靈總動員》（*Elf*），裡面有一幕是身為成人精靈的他和一個朋友都在雪地裡走著，兩個人很認真地聊著：「好消息，我今天遇到了一隻狗呢！」那種一本正經，把摸到貓狗當大事的可愛心態，讓我非常感動，心想這就是我啊！

《寵物和城市》也是一樣，讀完你會發現，其實和你同頻的人很多，無論是紐約大明星、社畜、甚至是成年精靈。

然後在有點喪的日子裡，也能感到心裡暖暖的。

「這世界破破爛爛，小動物縫縫補補」。

——穆熙妍（主持人，作家）

透過阿塔斯獸醫師的視角，帶我們走入紐約曼哈頓的各種富豪住宅，體驗到主人在自己專業領域可以呼風喚雨，但在生病寵物面前也會立馬變回一般飼主，忙著擔憂毛孩的健康狀況。而且為了讓獸醫師可以更正確分析寵物的狀況，連吃了多少威而鋼都需要如實以報；有時候並不是我們想挖掘主人的私生活，而是必須透過一層一層撥開，才能找到真正的問題所在。

到府服務總會看到很多在一般動物醫院沒辦法遇見的好笑、好鬧或驚恐的事件，因此，適時地為主人們好好保守祕密，也變得格外重要。你會發現，在我們眼中價值連城的藝術品，在這些富豪眼裡也只是家中簡單的擺設，就算被寵物破壞也不無需大驚小怪。其中我覺得最棒、也是最辛苦的，就是陪伴著主人和毛孩們走最後一程，在當下給予最專業建議的同時，也要保留讓主人為孩子做的最後一個決定。

在這一本醫療日記兼八卦紀錄，但同時也是一本溫暖的動物行為觀察筆記中，不僅有精彩的醫療故事，也呈現出對動物情緒與行為的深刻理解。無論你是否從事相關行業，或者是單純的動物愛好者，都能從中感受到人與動物之間的愛與理解。我誠摯推薦這本書，它會讓你更珍惜與毛孩共度的每一刻。

——謝佳蕙（Miki老師，國際犬．貓行為訓練師）

國外推薦

「艾咪醫師會親自拜訪散布在紐約市各處的病患——那些住在豪宅（有時可能一點都不豪華）和公寓裡的寵物們。這些故事讓人們彷彿跳進她的皮革醫師包中，跟著她一起冒險。讓你在瞭解這些受診療寵物的同時，還能一窺這些人的住家環境和生活方式。這本書是所有曾經夢想成為獸醫的人，以及那些好奇著超級富豪（和他們的寵物）與我們有何不同的人，可以盡情享受的一場饗宴。」

——《狗聖經》、《貓聖經》作者崔西．霍奇納（Tracie Hotchner）

「一部幽默、誠摯且充滿個人戲劇性與說服力的回憶錄……這是一個完全迷人且敘述精彩的真實故事。」

——《文學拳擊藝術》作者李・古特金（Lee Gutkind）

「阿塔斯是集醫師、教育者和諮詢師於一身的綜合體，而且充滿了熱誠——她不僅關愛寵物，還同時關心寵物的主人。閱讀這本充滿趣味的回憶錄，可以跟隨她一起從豪宅、頂級公寓到狹小的單房公寓，看她如何從事這項最艱難但也最有成就感的工作：亦即在生命的每個階段，守護我們最好的朋友。」

——《歡樂農場：我與六百隻救援動物的意外人生》作者勞麗・扎列斯基（Laurie Zaleski）

「阿塔斯醫師溫暖且精彩的《寵物和城市》，是紐約版的《大地之歌》。無論是治療居住在狹小公寓裡囤積症患者的生病貓咪，或是住在公園大道的超模所飼養的生病的北京狗，她對人與寵物的關懷、幽默與深情，始終展露無遺。這是動物愛好者的完美海灘讀物。」

——《狗到底知道什麼？》紐約時報暢銷書作者凱特・沃倫（Cat Warren）

「有時溫暖感人，有時令人心碎，內容充實，偶爾又極為搞笑。如果你能在讀完這本書後，依然維持眼眶不濕潤的話，就千萬別養寵物。」

——《鸚鵡的哀嘆》與《章魚與紅毛猩猩》作者尤金・林登（Eugene Linden）

「阿塔斯最引人入勝的部分，或許是在回憶她少年時期立志成為獸醫的決心，以及在進入獸醫學校前，為了獲得經驗所付出的努力（無論是象徵性的或實際上的代價）。她同時也為寵物飼主提供了實用的建議和技巧。阿塔斯敏銳的觀察力以及幽默風趣、引人入勝的文筆，生動描繪了曼哈頓家庭接受出診居家診療的種種變幻莫測的故事，以及獸醫、客戶和寵物之間建立的深厚聯繫。絕對是一本讓人內心喜悅的讀物。」

——《科克斯書評》（*Kirkus Reviews*）

獻給我的老公史蒂夫，
我做一切事情的最佳夥伴

目次

前言
Introduction

在曼哈頓的晚宴上，每當有人問起「**你**是做什麼工作的？」場面總會立刻安靜下來。

「我是獸醫。」

現場一定有人驚呼：「那是**我**一直夢想的職業！」

是啊，我心裡想著：「也是我的啊。」

我小時候會幫填充玩偶打針，還會在家裡養的狗脖子上纏上彈性繃帶，直到父母叫我停下來為止。

如今我**真的成為**一名獸醫，這份工作完全實現了我的所有期望，甚至超出期望。因為我並不是在無菌的醫院或臨床環境中治療狗和貓。相反地，我會上門診療，直接在寵物們生活的地方——豪華頂層公寓、一般公寓，甚至是無電梯的公寓裡照顧牠們。我不僅能夠治療我所熱愛的動物，還能窺見牠們主人的生活。對於像我這樣一位土生土長的紐約人而言，能在這座城市從事這份工作，就像是中了頭獎一樣。

這種生活開始於一九九二年九月，當時我有了開一家「城市寵物」（City Pets）出診動物醫院的想法，也就是在紐約曼哈頓地區經營第一家全職的居家獸醫診療服務。當時完全沒有類似的服務存在，所以我邊做邊學，逐步制定業務計畫。剛開始時，我每天會安排四到六個、有時甚至到八個預約行程。每個工作日，我和助理會從曼哈頓最南端的砲台公園城，跑到最北端的哈林區，從東區跑到西區，不但會進入超級富豪的家中，也會進入那些僅能糊口的人們家中。藉由這樣的上門出診過程，我得到了一張觀看紐約人及其寵物「私密生活」的前排門票。

從那時起一直到現在，我的每一天都是從一張預約行程表開始的。上面會列出寵物的名字、地址、牠們的家庭成員，以及當天每隻動物所需的照護項目。在把所需設備和藥物裝進帶輪行李箱、手提包和背包之後，我和我的護士便擬好一份暫定計畫，接著出發……這份計畫幾乎總會因為突發的緊急狀況，或是關於生病寵物的求助電話而不斷更動。這是一份忙亂、緊張、令人崩潰，卻也令人興奮無比的工作。

「城市寵物」典型的一天可能是下面的情況。

早上的第一位病患是羅斯頓家的「餅乾」，這是一隻有著黃棕色斑點與垂耳的白色傑克羅素㹴（Jack Russell terrier）。雖然身體狀況不佳，但她的臉上總是帶著友善的笑容。她住在上東區一座五層樓高的美術學院派風格大豪宅裡，拜訪這座宅邸本身就是一種享受。

我在過去六個多月來的每個星期五，都會過來探望需要特殊照護的餅乾。因為她的主人羅斯頓太太，在家族位於南安普敦的豪宅車庫裡倒車時，意外輾過餅乾的下半身。雖然餅乾被迅速送往獸醫院急診救回一命，但她的脊髓嚴重受損，醫師說餅乾再也無法行走了。於是，羅斯頓太太打電話給我。

我對餅乾進行的物理治療相當順利——雖然她永遠無法完全恢復行動能力，但我的目標是讓她的力量足以支撐並使用雙輪車代步。為了達成這個目標，我和我的助理喬治，會把羅斯頓太太主臥浴室裡的大型按摩浴缸裝滿溫水，然後把餅乾放進缸裡。我們先把她的前腿架在浴缸的閱讀托盤上，就像使用浮板游泳一樣，接著再把她的後腿浸泡在溫水中。當按摩浴缸的十六個噴嘴創造出噴湧的漩渦時，我便在水下治療餅乾的後腿，讓她的腿像騎自行車那樣一圈圈地轉動。喬治則用小塊的美味零食，吸引餅乾的注意力。

這真的有效！餅乾非常喜歡這半小時的按摩浴缸物理治療課（或者她可能只是喜歡那些零食），過了一週左右，她的肌肉張力有了明顯的改善。三個月後，她已經能在稍微的協助下站立。五個月後，我甚至看到了脊椎牽引的行走跡象，那是一種模仿自然步伐的不自主運動，也就是即使大腦與腿部之間沒有訊號聯繫也能進行的走動，就像喝醉酒的拖行步伐一樣。雖然並不美觀，但確實是自力支撐的行動。

我很期待今天的探訪可以看到餅乾有新的進展，然而在我按門鈴後，羅斯頓太太一臉慌亂地開門迎接我。她說：「抱歉！艾咪醫師，我應該打電話取消今天的治療的。」

這棟通常一絲不苟的連棟別墅呈現出一片混亂的場面。壯觀的中央大樓梯像一個圓形的尼加拉大瀑布般湧下了洶湧的水流。大廳裡有六、七個人正手忙腳亂地用抽水機清理積水，試圖控制這場水災。

「發生了什麼事？」我問道。

「水管爆開了！水管工人說主浴室按摩浴缸的排水管徹底堵塞，結果水管爆裂，水一路淹到地下室。」

我和喬治互看一眼，然後嚥了口水。傑克羅素㹴本來就很會掉毛，卻沒有人（包括我在內）想到：每次餅乾做完物理治療後要清理排水管中的毛髮。這五個月來每日的物理治療，當然累積了大量毛髮。

我忍不住想：**這是我的錯，她不會解雇我吧**？我真的很想完成餅乾的物理治療，而且說實話，我也很需要羅斯頓太太的這筆生意。

「**她來了！**」羅斯頓太太開心地說著。當她看到小餅乾跌跌碰碰地走過來，在混亂的大廳裡露出她那標誌性的傑克羅素㹴笑容時，她臉上緊張的表情瞬間恢復了平日的笑容。很明顯地，羅斯頓太太根本不在乎我造成了好幾萬（甚至幾十萬）美元的淹水損失，她只在乎餅乾現在能夠到處走來走去。

她微笑著看向餅乾，然後轉向我說：「我們不該浪費這次的治療課程。你想你能在廚房裡工作嗎？那是家裡現在唯一乾燥的地方。」

「我們會想辦法的。」我努力掩飾自己心中卸下的那一塊大石，感謝她沒有把我從前門趕出去。

我們的下一個預約在東二十六街與萊辛頓大道交界處，位於熨斗區（Flatiron，因紐約地標之一熨斗大廈位在此區而得名）。這個地點跟餅乾家那種富麗堂皇、大理石裝飾的連棟別墅完全不同。蓋兒是新客戶，她預約了今天為她十歲大的灰白色貓「甜心」看診，她正因便祕而痛苦不堪。我們花了半小時在市區移動幾百公尺後，來到一棟外觀並不起眼、裡面大約住了五十戶人家的公寓。我按下門外電鈴，接著通過兩道前門，走入一條昏暗而狹窄的走廊，站在一部電梯前等待。電梯在下降到大廳時發出刺耳的噪音。

「我才不坐那玩意兒，」喬治說，「根本就是死亡陷阱！」

於是我帶著全部診療裝備搭電梯上五樓，他則跑了五層樓梯。當我們在昏暗如迷宮般的五樓走廊前進時，他一路都在大口喘氣，直到我們找到寫著「5F」的大門並按下門鈴。一位肥胖臃腫、沒穿胸罩的中年婦女打開了門，身上穿著一件寬大的「辛普森家庭」T恤和破舊的緊身褲，嘗試把公寓大門推開到足夠讓我們進去的寬度。蓋兒毫不在意地說：「我想這就是極限了，」我勉強擠進門，但不得不把行李箱轉成側面才進得去。

進門之後，我看到為何蓋兒無法完全打開大門的原因：門後的地板上堆滿了成堆的報紙以及其他雜物。

蓋兒有強迫性囤積症，她在一房一廳的小公寓裡，塞滿了多年來早該被丟棄的東西。我們沿著一條狹窄的通道走進去，兩側堆滿了報紙、破損的紙箱，以及她從街上撿回來存放東西的牛奶箱。

我的目光所及之處都是髒衣服、裝有不明內容物的罐子，以及成堆未清洗的碗盤。整間屋子散發著腐敗的氣味，還帶著一絲大麻的味道。在廚房地板上，我看到十幾個小碗，裡面殘留著早已乾硬的罐頭貓糧，顯然是幾天前甚至幾週前為甜心準備的食物。

甜心繞著蓋兒的腿兜轉著。她是一隻漂亮的白貓，身上有灰色斑點，看起來很需要梳毛。「我覺得她便祕了，」蓋兒邊說邊把她的一頭銀色亂髮撥到耳後。

「來看看是怎麼回事吧，」我準備好進行檢查後，便環顧凌亂的客廳，想要找到空曠一點的位置可以擺放器材，但屋內每個平坦的表面都被各種雜物覆蓋著。蓋兒坐在唯一一張空著的椅子上。

我問蓋兒：「有可以使用的桌子嗎？」她環顧四周後說：「沒有。」

「那你平常在哪吃飯？」

「站著吃。」

好吧。我和喬治只好移開一些箱子，在滿是灰塵的地板上騰出一塊工作區，我很勉強地跪在地上。幸好甜心的身體檢查結果一切正常，並沒有便祕的症狀。在這個雜亂不堪的公寓裡，她可能在任何地方排便，飼主也無法發現。接著，我幫甜心做了一些血液檢測，打了新疫苗，修剪指甲並梳理毛髮，很顯然地，這是她長久以來的第一次梳毛。

我問蓋兒：「可以讓我看一下她的貓砂盆嗎？」

「就在那邊的浴室裡。」蓋兒指了方向。

喬治留在蓋兒身邊，我自己去到浴室。那間浴室真是骯髒。地板、牆壁、馬桶裡都是汙漬；排水口塞滿了一團團頭髮（快呼叫羅斯頓太太的水管工）；而那個貓砂盆還真是我見過最髒的貓砂盆。砂盆裡堆滿了上百顆小小的硬糞塊，從外觀和氣味來看，蓋兒應該好幾個月都沒清理過貓砂盆了。

如果她從不鏟貓砂，怎麼會認為她的貓便祕呢？

我回到客廳，看到甜心就坐在蓋兒的腿上，用臉摩蹭著主人的臉頰。蓋兒親吻著她的小夥伴，第一次對我們露出笑容。「醫師，謝謝妳，她看起來好多了。」

她們顯然深愛著彼此。

「蓋兒，妳必須做到幾件事，才能讓甜心保持健康：**每天**餵她新鮮的貓糧和水。飯後要把碗收起來並**清洗乾淨**。最最重要的一點是：**每天**都要清理貓砂盆，這樣妳才能清楚知道她何時排便。」

「我會做到的，醫師。」

「我希望一個月後能再來看她。」也許讓蓋兒知道我會回診，她就會更留意貓糧的新鮮度和貓砂的清理。

蓋兒的承諾讓我稍感放心，這樣我就可以持續照料她們。因為看起來患者和飼主都需要一點幫助。不過，當時我還沒意識到這種想法具有的前瞻性。

🐾

接著，我們要趕往在雀兒喜區的下一個預約地點，已經快要遲到了。這對夫婦是古典音樂界的國際巨星。對大多數已婚客戶來說，我通常是跟妻子接洽，不過在赫維茲（Hurvitz）家的情況正好相反。

赫維茲先生一開門就說：「舒曼的肚子不舒服，」（Schumann，德國作曲家舒曼是浪漫主義時期音樂代表人物）還沒等我跨過門檻，他就把這隻西班牙獵犬（spaniel）的牽繩遞給了我。

「**他很好**，」赫維茲太太從另一個房間糾正他，「他只是吃太多，吐了一下。」

「這是什麼時候發生的？」我問他們。

「昨天早上，」赫維茲先生說。

「之後還有嘔吐嗎？」

「沒有，他吃完所有的飯，還多吃了一些，再也沒有嘔吐。今天早上他甚至吃了我的貝果。」

「有腹瀉或軟便嗎？」我繼續問。

「沒有，一切都正常。」

「還有其他症狀嗎？」

「沒有，但謹慎一點總是對的，」他說。

赫維茲太太走進房間，看起來很不滿。「明德爾，」她對丈夫說：「不管是例行檢查或是生病，這十八年來，你一次都沒陪過我們的兒子去看醫師，現在你竟然把獸醫的電話設成快速撥號！」

他反駁說：「因為我愛我的狗啊！」

那天早上我的這些出診，只是從我開始上門出診服務以來，走訪曼哈頓超過七千多個家庭和他們一萬四千隻寵物中的少數幾個例子。其中有些只是一次性的服務，但大多數家庭都是跟我合作多年甚至幾十年的老客戶。我經常在他們的新寵物剛進家門時就見到牠們，並且陪伴他們的寵物度過幼犬或幼貓階段，為牠們接種疫苗、治療耳朵感染和胃病，提供長年的健康護理。也為牠們在成長期和老年期罹患的疾病提供治療。而當不得不面對的那個痛苦時刻到來時，我也會為這些飼主心愛的寵物進行安樂死。

我見證了這些寵物和牠們家庭的整個生命循環。由於我的工作性質，讓我對人性有了很多體會。舉例來說，人們展現給世界的一面並不一定是最真實的一面。我曾經遇過看起來像邋遢高中生的客戶，身上穿著破舊牛仔褲和破爛T恤，卻驚訝地發現他們住在第五大道上、價值九百萬美元的雙層公寓裡（他甚至還擁有一棟位於科羅拉多州亞斯本市的度假屋）。當然我也見過相反的情況：一位總是穿著設計師品牌服裝的明星公關，卻住在字母城的一間小型租金管制公寓裡（rent-controlled，政府限制房東漲房租的措施），因為她把所有錢都花在衣服和貓身上了。

我也得以窺見客戶生活的親密樣貌和真實本質。人們即使知道我們會來，還是不會把一些東西藏起來——例如色情影片、私密信件、銀行帳單、一堆現金、珠寶和成人玩具等——這些東西總會讓我驚訝不已。

如果我在一家傳統的動物醫院工作，就沒機會看到這些東西了。我也無法真的瞭解寵物或牠們的主人在真實生活中是什麼樣子，也不會知道這些飼主與寵物之間的羈絆，當然也就不可能像現在這樣，跟我的客戶建立起如此密切的關係。

例如當我第一次見到羅斯頓太太時，她正因為不小心壓傷心愛的狗而極度痛苦。我每天都來幫助餅乾恢復腿部肌力，也等於為羅斯頓太太帶來了希望和參與感。她甚至從未提過我們就是造成她豪宅水災的罪魁禍首。我們反而成了英雄，幫助她的狗恢復良好的生活品質，也因此幫我減輕了那場意外的內疚感。

而當我看到蓋兒惡劣的居住環境並一次又一次地造訪時，我知道我們的工作不光是幫甜心檢查是否便祕，同樣也在確保蓋兒的身心健康。因為蓋兒信任我進入她獨特的私人空間內，藉由定期造訪她的公寓，我也得以察看她的身心狀況。事實上，我相當確定在那段時間裡，我是唯一與她保持聯絡的專業健康照護人士。就某方面來說，我跟甜心一起協助蓋兒維持正常生活。而當甜心生病時，我和我的團隊也在關鍵時刻挺身而出，幫助他們。因為我們知道這對他們二者來說都非常重要。

對外界來說，赫維茲夫婦是完美的文化權力夫妻。然而，我卻看到他們的另一面。我認為赫維茲先生對寵物表達的愛，是他從未對家人表達過的，所以我認為他的家人應該相當嫉妒。我們如何對待自己的寵物，往往揭露了我們在其他人際關係中的優點與弱點。

我生來就是紐約人，也注定要成為獸醫。我將一生奉獻給我所熱愛的這座城市裡的狗和貓，實現了我的吉米．哈利（James Herriot）*《大地之歌》（*All Creatures Great and*

* 譯注：英國獸醫兼作家，撰寫《只吠過一聲的狗》等多部著作

Small）之夢——走到人們和寵物生活的地方，成為他們生活中不可或缺的一部分。在更早的時候，我原先認為自己的使命只是在一個無菌的醫院環境中，學會如何照顧動物。但現在我知道，這是對獸醫這行的狹隘看法。

我照顧的動物都是由人所飼養，因此，我也應該同樣關心這些人。我很喜歡工作裡能擁有這兩種層面。

無論是為億萬富翁的貓修剪指甲，或是和大樓門衛聊聊他家狗兒的跛行，我對待每位客戶都一視同仁，因為他們都全心全意地愛著自己的寵物。這種對寵物的愛不分地位，也無關銀行的存款數目。我親眼看過各種人和寵物之間的愛，而且這樣的日常工作已經超過三十年，讓我就像擁有特權一樣。

我在本書裡分享了個人經歷，揭開一些關於人性的基本真理：包括人類與寵物之間特殊的連結力、動物在我們生活中的重要性，以及人性複雜的一面。

人與寵物的關係無與倫比。藉由將動物帶入我們的家庭，成為家庭的一分子，與牠們共享生活並照顧牠們，我們展現出最具同情心、同理心和最無私的一面。

我相信人對動物的愛，定義了我們的人性。

簡單來說就是：寵物能讓我們成為更好的人。

現在，如果在那場晚宴上，有人問我做什麼工作，並追問我到底是如何進入這個行業的？我會回答：「這段旅程的完整版本有點長，無法在上菜空檔說完。但我可以告訴你，這是一個相當精彩的故事，故事裡有一位邪惡的老闆、一位傳奇的喜劇演員、

「一隻胃經常不舒服的約克夏犬、一位男友和一位億萬富翁……」

這些就是我跟寵物們以及這座城市的故事。

1 我的起點 How I Got Started

當我讀到吉米‧哈利的經典書《大地之歌》時，感覺就像心裡有個鬧鐘突然響起，告訴我該從遊戲扮演的假獸醫變成真正的獸醫了。那麼，故事就從在真正的動物醫院找到一份真實的工作開始吧。當時我才十三歲，完全不知道該怎麼找工作，更別說要當一位真正的獸醫了。

於是我拿出家裡的「皇后區黃頁電話簿」，找到「V」*開頭的列表，然後翻開一頁頁薄紙頁面，直到找到「動物醫院」的區塊。接著，我打電話給每間動物醫院，詢問是否有工作職缺。他們多半回答我說「等你有經驗再打電話來」，或是「由於保險的關係，我們不收志工」。最慘的回答則是「等你長大後再打電話來吧」——然後就掛斷了電話。

大約在我打了二十通電話後，森林山貓醫院（Forest Hills Cat Hospital）的獸醫接了

* 譯注：Veterinary hospital，獸醫院，現今多稱為動物醫院，但在職業上仍稱為獸醫。

電話。傑伊．盧格（Dr. Jay Luger）醫師聽了我的這場青少年版「**我必須**成為獸醫」演說。

「我小時候也知道自己將來要成為一名獸醫。」他說：「為何不直接來我們這裡看看呢，放學後來吧，觀察一下我們都在做什麼。」我開心極了，就算只是去觀察一天，對我來說都是很大的滿足。

因為不想遲到，我沒吃午餐就提前離開學校。結果這個決定並不明智，我一到醫師的辦公室就開始感到頭暈，可能是因為低血糖或太過興奮，反正也無從得知。

一位臉上帶著微笑的技術員帶我進入檢查室，讓我觀察盧格醫師當天最後的一個病例，病人是一隻年老的灰色虎斑貓（Tabby cat）。醫師說：「這隻貓最近體重掉很多，我得搞清楚原因。」

他對貓進行身體檢查，然後準備對牠做血液檢查。盧格醫師的助手固定住貓的脖子，同時溫柔地安撫牠。我彎身向前想看得更清楚，只見醫師把針筒的長針插入貓的頸靜脈，針筒裡迅速吸滿深紅色血液。他把一些血液轉移到一個紫色瓶蓋的試管中，然後把試管拿給我並告訴我說：「艾咪，把試管輕輕地上下翻轉，這樣血液就不會凝固。」

我按照他的指示，持續翻轉著溫熱的試管，並看著血液朝這一邊流動，接著向另一邊流動。翻轉了三次之後，我突然有種奇怪的感覺，就像我的世界也跟著翻轉了一樣……接著我就昏倒在治療室的地板上了——就在我來到第一家動物醫院做第一份「工作」後的十五分鐘內。

雖然血液樣本保住了，但我的自尊心可沒那麼幸運。

我原本希望每天放學後都能繼續去盧格醫師的辦公室（雖然他本來就說只邀請我來一天看看），結果現在實在太尷尬了，我根本不敢再回去。所以第二天，我又回到電話簿上，從森林山貓醫院**後面**的店家開始，繼續打電話。

幸運的是，另一位獸醫師同意我可以去觀察，同樣也是只有一天，這次我確定要先吃過午餐再出發。當我到達醫院時，醫師正準備為一隻拉布拉多犬（Labrador retriever）進行腹部手術。他的助理幫我戴上帽子、口罩和鞋套。我走進手術室時，在玻璃門上看到自己的倒影，覺得自己看起來就像一位真正的獸醫。我感到無比自豪。

看著醫師切開獵犬身上經過剃毛消毒處理的腹部皮膚，我心裡想著手術刀一定很鋒利。隨著口罩裡的吸氣和呼氣動作，我的呼吸聲變得越來越大。我看到醫師切開狗的皮膚後冒出小血珠，接著又切開腹腔壁，露出狗的內臟。

獸醫對我說：「這個叫探查性手術，因為不確定這隻狗的問題有多嚴重，所以我會先檢查牠的每個內臟，然後移除已知在牠肝臟上的腫塊。」

我聽不清楚他在說什麼，因為我的呼吸變得越來越大聲，大到我覺得其他人也都聽見了。而且手術室突然變得很熱，而我的視線開始變得模糊。**為什麼一切事物都變成黑白了**？就在我倒在地上前，我心裡想著：「我又要昏倒了嗎？」

雖然醫院的工作人員很體諒我，但我當天仍是夾著尾巴逃走，因為我感到徹底的尷尬和自信心粉碎——如果一看到血就暈倒，我怎麼可能成為獸醫？

但我沒有改變決定，我必須重新振作起來，而且電話簿裡可以打電話陌生拜訪的獸醫院名單也快沒了。所以隔天吃過午餐後，我換了三輛市區公車，毫無預告地再次出現在去過的第一家獸醫診所。

當盧格醫師的助理看到我時，她冷淡地說：「我們有猜到你會回來，這次已經準備好嗅鹽了。」結果那天我不僅沒有昏倒，還在接下來的六年裡持續回到森林山貓醫院。

一看到血就昏倒，只能算是我成為獸醫的第一個障礙。

在巴納德學院大三那年結束時，該是開始考慮申請哪家獸醫學院就讀的時候了。我需要有出色的GPA成績、跟平流層一樣高的考試分數、誠實而毫無保留的推薦信，以及廣泛的課外經歷。

最後一點特別讓我感到擔心。因為當時我已經對標準的居家寵物或實驗室老鼠相當熟悉，然而對於農場動物並沒有任何經驗。如果我能在大型動物的獸醫診所找到一份暑期工作，我就不光是擁有一份出色的獸醫學院申請書，還同時能實現我的吉米・哈利夢。*

透過朋友的朋友介紹，我拿到康乃狄克州東部一位大型動物獸醫的名字和電話號碼。這正是我在尋找的機會，於是我撥了號碼，一位女士接了電話：「奈特．強生醫師。」

「可以請強生醫師講電話嗎？」我問她。

「我就是。」

奈特原來是娜塔莉？**我完全沒想到這位大型動物獸醫竟然是一位女性！現在，我**必須**得到這份工作才行。我迅速做了自我介紹並解釋來電的目的，強調我渴望學習關於大型動物的知識，並願意幫她做任何事。醫師回答說：「我喜歡你的態度，艾咪，也許能安排你跟著我學習幾週。但是在你決定之前，我必須先跟你解釋一些關於我診所的情況。首先，診所只有我一個人。每天一早我會裝好設備，開車去已經預約好的診療地點照顧病患；結束一天的工作後，我會清潔所有的診療器械，並重新補充卡車上的醫療備品。我每週工作七天，只有星期天工作半天。」

這對我來說是很理想的工作。既然只有兩個人，我就可以做很多助理的工作。我也可以幫忙清理和補充物品，以及任何我幫得上忙的事。而且這家診所聽起來就像是吉米．哈利在約克郡山谷的診所一樣。

「我有丈夫、三個孩子、四隻狗和一隻貓，」強生醫師接著說，「所以我們現在

---

* 譯注：在《大地之歌》中，哈利看診的多半是像乳牛這樣的大動物。

** 譯注：Nat 在男性名字來自 Nathan 納森，女性名字則來自 Natalie 娜塔莉。

的房子對我們來說實在太小，恐怕沒有多餘的房間可以供你住，不過後面有一輛舊露營拖車，我們可以把它清理一下，放上床墊。雖然裡面沒有水電，但你可以在那裡睡覺。你的三餐都會跟我們一起吃，而且可以使用我們的浴廁。」

我回答說：「我瞭解了。」**不過這與我期待中的情況並不完全相同，我要答應嗎？**

「對了，還有一件事。我的診所賺的錢並不多，所以恐怕不會付你工資，但我保證你會獲得豐富的經驗！」

我沒有多想便接受了強生醫師的條件，我們也確定了一些細節。

強生醫師建議我星期天下午到，因為那天她只需要工作半天。於是就在那個星期天，父母開車送我去強生醫師家。經過一座又一座美麗的農場後，我們終於抵達很符合強生醫師給我的地址那種破舊的房子前。

我敲了敲房子的紗門。一開始沒人聽見我敲門，因為孩子們正在大聲喊叫，狗也在狂吠。就在我準備再敲一次門時，這整個家庭一起湧上門廊迎接我。強生醫師以閃電般的速度介紹了每個家庭成員，然後叫我拿起行李跟她去後面的拖車。

這是一輛小巧而鏽跡斑斑的露營拖車，靜靜地坐落在一個雜亂無章、長滿雜草的院子裡。車身有點傾斜，上面還有幾個高高的小窗被多年的汙垢覆蓋著。我勉強笑了笑，把背包放進車門口，然後回到父母身邊。他們急著開車上路，因為回家還要開兩個小時。我真的不想被留在那裡，但我決心完成我的計畫。

「如果有缺什麼，隨時打電話給我們，」媽媽眉頭緊鎖，顯然很擔心。她給了我一個擁抱和親吻，接著爸爸也給了我一個特別長的擁抱。

「你確定不想像你哥哥一樣當『人』的醫生嗎？」他又一次小聲地跟我提這件事，同時微笑著掩飾他的擔憂。

如同我們所約定的，強生醫師歡迎我融入她日常的生活和診療中。大家每天都六點鐘起床，由於只有一個浴室，我們必須遵循嚴格的順序：首先是強生醫師，接著是她的丈夫史考特，然後是我，最後是孩子們。我們一起吃早餐，然後我和強生醫師一起洗碗，再開始做出診前的準備。

我們兩人穿著相同的卡其色工作服和防水靴，一起外出為附近農場的動物看診，照顧各種生病的或懷孕的牛、羊、馬，偶爾也有山羊或狗。當強生醫師說這是一份「髒活」時，她可不是在開玩笑，因為接觸病患就代表我們經常得涉水而過和踩過泥地。如果現場沒有流動水源，我還得一手提著滿滿一桶水，一手拿著肥皂液和潤滑劑的擠壓瓶，同時努力避免水潑灑出來。強生醫師則背著兩個重重的醫師外診包，裡面裝著各種設備和藥品。我無法想像她在沒有助手的日子裡會有多辛苦。

當我們抵達乳牛棚時，我的第一個任務就是識別這頭牛——通常是透過紅色的耳標。接著我會把水銀溫度計插入她的直腸，並將附帶的夾子固定在乳牛身後的毛上，以防止溫度計摔到地上或被吸入體內。強生醫師會進行完整的「外部」檢查，包括眼睛、耳朵、牙齒、心臟、肺、四肢和乳腺等，然後口述檢查結果，讓我記錄到醫療筆記本上，這是非常好的指導教學。

然後強生醫師叫我伸出右臂，為我戴上一個長度及肩的手套，我便開始用肥皂水清洗牛的後半部。強生醫師也會戴上手套，塗上潤滑劑，然後將手從牛的肛門插入直腸，一直深入到只剩下肩膀在外面。她會透過結腸壁輕輕觸診牛的生殖系統，描述卵巢的觸感和子宮大小。我在一旁記錄下她的檢查結果時，總是非常訝異她能準確判斷這頭牛的懷孕狀況，以及預測其預產期。她從工作中獲得的滿足感顯露在臉上，我很渴望擁有她的技術和自信。

在典型的工作日裡，我們至少會在另外三個農場重複同樣的過程。有時我只能擔任觀察者的角色，例如當一匹馬有傷口需要縫合，或者一頭公牛需要閹割時（記得有天傍晚我們準備晚餐時，我看到冰箱裡有一個標著「比爾家牛的睪丸」的容器，直到發現它並未出現在當晚的菜單上，我才放下心來）。

我可以看出強生醫師的丈夫史考特，對於幫忙家務或診所的工作完全沒有興趣。他多半時間都是手上拿著一罐啤酒在一旁徘徊，或是躺在前院的吊床上。

這裡的一切都還算順利，直到一天晚上我才在拖車裡打瞌睡時，聽到門上發出輕輕的敲門聲，幸好我剛才本能地把門鎖門上了。透過髒汙的窗戶向外看，我看到搖搖晃晃的史考特特站在拖車門口。

敲—敲—敲。

我靜靜地待了十分鐘，才敢再透過窗戶偷看。

他已經消失了。

我悄悄地走到門前檢查門鎖，然後又爬回我的舊毯子內。那天晚上我再也無法安心入睡。其實我一直擔心會發生這種事，打從第一天起，他就讓我感到害怕。我硬著頭皮告訴自己他並不危險，但在內心深處，我知道他是個麻煩人物。所以現在我必須認真思考這件事。

第二天早上坐在餐桌前，當其他人吃著蛋時，我紅著眼睛盯著我的盤子。等到強生醫師去餵她心愛的雞時，我才起身收拾碗盤，史考特則四處遊蕩，最後走去吊床打起盹來。

我環顧四周，確保沒人在附近，便拿起廚房牆上的電話，打給我在森林山貓醫院的老朋友兼人生導師——盧格醫師。我壓低聲音，告訴他昨晚發生的事，他毫不猶豫地說：「無論你多熱愛這份工作，這都不是你當初去的目的。」他告訴我：「我會打電話叫你的父母去接你。」

我最初的想法是打電話給盧格醫師幫忙解決，而不讓我的父母知道這種不堪的尷尬情況。不過我知道他說得沒錯，所以我同意了。於是我回到拖車裡，把我的東西塞進背包，然後去找還在雞舍裡的強生醫師。

「家裡有事，我，我得回去了，」我結巴地說：「我父母會來接我。」

她凝視了我幾秒鐘，然後點點頭。她沒有問任何問題，我也沒再多說什麼，但我隱約感覺到她大概已經知道發生了什麼事。她將再次承擔起診所工作的全部重擔，而我將失去一個暑期工作的機會。

回到我童年房間後的第二天早上，我又重新開始找工作的過程。我的叔叔認識一個人，他的工作是為紐約最大的乳品公司製造送貨箱。他幫我安排了一個機會，讓我到他們位於上州的農場當志工。那裡雖然有足夠的空間可以容納一千八百頭乳牛，卻沒有空間讓一個大學志工住，所以他們建議我自己帶拖車去。

「**哦不，**」我心想，「**又是拖車。**」由於我迫切希望能繼續我的大型動物經驗，所以我詢問了父親的意見。

「我的好友山姆有一輛 Airstream 露營拖車，他應該有十年沒在用了。讓我打電話問問能不能借我們一整個夏天。」

強生醫師家的那輛破舊拖車，完全比不過山姆的拖車。這部 Airstream 拖車裡有兩張可以拉出來的床、一張餐桌和椅子，還有冰箱和烤箱。我和爸爸輪流駕駛，拉著這輛拖車遠赴上州，抵達靠近加拿大邊界的農場。爸爸又給了我那個「不考慮當人的醫生？」的眼神，但我選擇無視。最後我們擁抱道別，我開始了第二次的大型動物暑期經歷。

無論我如何努力展現積極肯做的態度，想賺取我那份不存在的工資並贏得大家的好感，但農場上的人依然對我的出現懷有敵意。農場工人認為我是乳品公司的間諜，更糟的是，我經常會讓牛群感到緊張，導致牛奶產量下降！於是老闆警告我不許再靠近乳牛，我必須想辦法讓自己有用才行。

幸好我很快就找到了辦法，原來我天生擅長照顧小牛。

我的一天是早上五點在小牛棚開始的。首先，我必須照顧那些昨晚剛生產完的母牛，清潔牠們的乳腺，按摩牠們的乳房，然後將乳汁擠進桶裡。這些乳汁被稱為「初乳」，富含重要的成長免疫抗體，也是我用來餵養新生小牛的東西。教導小牛如何從奶瓶吸奶需要相當的耐心，而這正是我擅長的，我比那些農場工人更有耐心。這些小牛很快就和我建立了良好關係，牠們吃得很好，成長得比平常更快。

八點時，我可以回到我的拖車裡休息一下，吃頓豐盛的早餐，然後閉眼休息五分鐘。

接下來，才是最辛苦的工作。

農場員工非常樂意為我安排工作，其中許多艱鉅的任務都與照顧動物無關。也就是說，如果沒有人願意做某一項工作，那項工作就會落到我這個來自大城市的志工頭上。即使前面說過我不能靠近乳牛，然而一旦牛群被牽到牧場吃草時，我的工作就是進到牛棚裡清理滿是尿液和糞便的排水溝，還有其他一些同樣又噁心又臭的工作。

我這輩子從未做過如此繁重的體力勞動。於是我的早餐內容從原先簡單的麥片和優格，變成狼吞虎嚥下三個花生醬或果醬三明治。我的臂力大增，甚至還拉破了短袖襯衫的袖口。

隨著時間過去，我對產後母牛的工作越來越熟練，牠們也習慣了我的出現，於是我重新被允許進入擠奶棚，這表示我可以在獸醫檢查時在場觀摩。我的一天工作就在和獸醫巡診以及照顧並餵養小牛之間分配，同時也要繼續從事各種髒活。

儘管我已能享受農場工作，但我仍然在與孤獨掙扎。尤其是在最初的幾週當中，我不僅獨自一人在拖車裡用餐，某些日子裡甚至只跟他人講到幾句話。在缺乏人際互動的情況下，我很自然地把關注轉向了動物。

在我的拖車附近有一個寬敞的穀倉，裡面至少住了十隻大小貓咪。於是我開始在空閒時待在那裡和小貓們玩耍，享受牠們的陪伴。其中有隻特別的小貓——一隻瘦小的灰色小傢伙——似乎總是在錯誤的時間出現在錯誤的地方。例如她會從草棚上摔下來，落地後抖抖身體，再蹦蹦跳跳地跑去捉老鼠。我幫她取名為「米斯凱特」（Mieskeit），這個字在意第緒語的字面意思是「醜陋」，但就像所有意第緒語單字一樣，它還有更細膩的含義，也就是形容某人「長得有點特別」，讓我覺得這個名字帶有一種親切感。不久後，米斯凱特（農場工人聽起來像是貓小姐「Miss Cat」）開始會在穀倉裡等我，只要我坐得夠久，她就會開心地爬到我腿上依偎。漸漸地，當我意識到她把自己當作是我的貓，而我也有同樣的感覺時，她便開始和我一起睡在拖車裡了。

我也慢慢贏得了人類成員的認同。農場工人會開始對我惡作劇，讓我知道我已經「融入」了他們。其中一次他們還讓我半身陷進糞便中，結果我像其他人一樣大聲笑了出來；為了成為團體的一員，我花很長的時間才洗掉一身臭味，但一切確實很值得。

這個夏天比我期待的還要更豐富。我累積了大量有關大型動物的知識和技術，發現自己對獸醫產科（包括所有小動物）有濃厚的興趣，而且在過程中結交了很棒的朋友。甚至我的吝嗇老闆還給了我一張獎金支票。

當我抱起米斯凱特爬上老爸的旅行車，準備把山姆的拖車拉回城市時，農場主人對我說：「如果你有機會到這一帶來，記得告訴我們。還有，如果我們能幫忙說服那些高級學校，說你未來一定會成為一位優秀獸醫的話，也請告訴我們。」

2 奇妙的瑞佛斯夫人
The Marvelous Mrs. Rivers

從賓夕法尼亞大學獸醫學院畢業後，我回到紐約市，在全國頂尖的研究和教學動物醫院——「動物醫療中心」（Animal Medical Center，簡稱AMC）完成為期一年的艱苦實習。後來我在「公園東動物醫院」（Park East Animal Hospital）*得到我的第一份正式工作，擔任副獸醫（Associate Vet）的職位。公園東是由我稱為「B醫師」的獸醫師創立的動物醫院，位於公園大道與麥迪遜大道之間，在上東區東六十四街的一棟石灰岩排屋的一樓和二樓。這裡是曼哈頓的高級住宅區，住了許多有財有勢的居民。

公園東跟紐約市的其他動物醫院有所不同。它營造的是一個擁有高品味家具、雅緻且舒適的環境。公園東不僅把目標客群鎖定在富人階級，也是紐約市第一家提供「二十四小時照護」的私人動物醫院。一般的動物醫院通常在每天結束營業後就會關

* 譯注：Park East原意公園東邊，是曼哈頓高級住宅區所在，為求簡潔並避免誤會，將此動物醫院簡稱為「公園東」動物醫院。

閉，並把住院寵物獨自留在院內，一直到第二天早上第一批工作人員到來時才會繼續照顧工作。如果半夜裡寵物弄髒籠子，或是發生夜間生病等更糟的情況，寵物們都只能忍耐到早上。相較之下，公園東提供了非常高水準的照護，我很高興能夠成為其中的一員。

B醫師個子矮小，已經禿光的頂部周圍是修剪整齊的銀色白髮。他戴著金框眼鏡，身上穿著屬於公園大道保守中年男子的標準裝扮：海軍藍西裝外套、深灰色長褲、古馳樂福鞋（Gucci loafers）、布魯克斯兄弟（Brooks Brothers）的牛津布襯衫以及愛馬仕（Hermès）領帶。從外表很難看出他的年紀，但我猜他大約在五十到七十歲之間。由於當時我只有二十幾歲，對我來說，任何年齡超過四十歲的人看起來都是老人。

診所相當忙碌，至少對於B醫師和資深副醫師吉恩來說確實如此。至於我，則沒有太多工作可做，因為許多客戶並不願意預約新來的初級副醫師。所以我很快就意識到，唯一能認識客戶並建立關係的方式，就是趁其他獸醫在忙的時候接待他們。而且無論我喜歡與否，這都表示我必須在夜晚和週末工作。我希望在客戶瞭解到我和我的技術後，將來能預約我為他們的寵物安排健康檢查。B醫師和吉恩二人，都非常樂意把夜班和週末的工作交給我。

夜班的獸醫助理名字叫做喬治，比我年輕三歲，是一位高大、英俊的男子，擁有雕像般的面容和凌亂的鬍鬚。他超級聰明，對藝術和文化都有深入的瞭解，還有過目不忘的記憶力。喬治在中央公園西邊的一間豪華三房公寓裡長大，面對走進公園東動物醫院的富裕客戶非常得心應手。當時他還不擅長與人應對，也不是愛狗人士，喬治的快樂天堂是被一群貓圍繞著。他的前世可能就是一隻貓，所以在這一世依然是夜行性動物；夜班工作對他來說是相當完美的安排。

我很快就發現到，並非所有的公園東客戶都是平等的。B醫師把名人和富人設定為擁有「VIP身分」的客戶，而所有VIP客戶的電話都會直接轉給B醫師，絕不會轉給其他副醫師。我從第一天上班就知道，B醫師真的是把自己當作「明星獸醫師」來經營，誰能責怪他呢？只要是他認為地位較低的客戶，就會自動轉給吉恩或我。說實話，我樂意接待任何客戶，但當然我也希望能夠見到並治療一些名人的寵物。

有一次，我們的英國接待員伊芳打電話到老闆辦公室，說：「B醫師，小愛來了。」小愛是一隻可愛的比熊犬（Bichon Frisé），牠的主人是愛德蒙・薩夫拉（Edmond Safra），是創辦紐約共和國民銀行（Republic New York）的億萬富翁（也是我見過的第一位億萬富翁）。

B醫師問伊芳：「小愛是跟主人來的，還是跟管家來的？」

「跟管家來的。」

他說：「哦，既然是管家，那就讓她等一下。」B醫師並不知道這段對話是用揚聲器播放的，管家聽到了他說的每一個字。很顯然地，沒人會喜歡這種不被尊重的感覺，因此從那天開始，每當管家帶著小愛過來，她都會要求由我幫忙小愛檢查，而不找B醫師。

我知道必須小心行事，因為在公園東獸醫院中，成為某位VIP客戶的首選獸醫是件非常冒險的事情。我聽說以前B醫師曾經懷疑某位副醫師試圖「搶走」客戶，自行開業，就直接把他開除了。我在公園東待了一年半，親眼見證過這一幕。吉恩從來就不曾隱瞞自己想要開診所的決心，B醫師當然也聽到風聲。於是在一個寒冷的冬季週日晚上，B醫師在超級盃比賽的第三節（他知道吉恩專心看比賽一定不會接電話），在吉恩的答錄機留言把他給開除了。

不過，我認為自己在公園東是很安全的；因為我本來就無意去其他地方，更別說是開一家自己的診所。我與B醫師相處得不錯，我也喜歡我的客戶、他們的寵物以及我的同事們。而且我是唯一的副醫師，現在已經是診所中非常具生產力的一員。我也明確表示過，希望能長期留在這裡，我甚至還在醫院附近買了一間公寓。

這真是一家很棒的診所。公園東的大多數客戶都很富有，因此他們負擔得起這些對其他人來說可能太過昂貴的診斷、手術和治療費用。能夠利用我所受過的教學來制定並執行治療計畫，而不會受到財務上的限制，就像是一種特權。許多在其他動物醫院執業的同學，並沒有機會享受像我這樣的奢侈待遇。

某個星期六晚上大約七點半，喬治打電話給我說：「嘿，艾咪醫師。B醫師最喜愛的客戶打電話來，說她的約克夏犬史派克發生緊急狀況，拉了血便。」

我驚嚇地說：「天啊，是瑞佛斯家的史派克嗎？」我知道診所裡只有一隻叫做史派克的約克夏犬，而他的主人是瓊・瑞佛斯（Joan Rivers）*。自從我加入公園東以來，一直希望能見到她。

「對，就是他。你準備好迎接麻煩了，他正把她的公寓弄得亂七八糟。」

我一直是瓊・瑞佛斯的忠實粉絲。記得小時候只要看她的節目，父母就准我可以晚一點睡，而當時她是深夜脫口秀節目《今夜秀》（*The Tonight Show*）的超級搞笑客座主持人。我聽公園東的員工說她本人非常和氣，只有當史派克生病時，她才會顯得有些不耐煩，稍有不滿就會對人發火。

瓊是B醫師VIP客戶名單上的頭號人物。接到VIP發生緊急狀況的電話，尤其是瓊・瑞佛斯的電話，對我來說絕對是件大事。

「喬治，你得再說一次她的電話號碼。我太緊張了，看不懂我的手發抖寫下的東西。」

他大笑著說：「如果你繼續這樣的話，她可能會把你的頭咬下來吃掉。」

在我打電話給瓊・瑞佛斯之前，我必須先發洩一下緊張的情緒，於是我在公寓裡快速跳了一段舞（就像大家遇到這種情況時會有的反應），然後打電話給我媽。因為她跟

* 譯注：美國喜劇演員、作家及電視節目主持人。

我一樣也是瓊．瑞佛斯的超級粉絲。

「媽！猜猜看剛剛發生了什麼事？我接到史派克．瑞佛斯的緊急電話！」我媽沒有反應。

「瓊．瑞佛斯的狗！」我補充。

「為什麼你週六晚上會待在家裡？」媽媽嚴厲地問。

我的猶太人母親非常擔心當時二十九歲的我可能會永遠單身，甚至單身到下輩子。

「**瓊．瑞佛斯！**」

「哇，真是太棒了，艾咪，」她不得不承認這點。

我快速地和她道別，心跳加速地撥了瓊．瑞佛斯的電話。

一個熟悉的直率聲音出現，說：「喂？」

「嗨，瑞佛斯夫人，我聽說史派克生病了，」我趕快補充一句，「妳和史派克必須立刻到醫院來。」

她不耐煩地咆哮說：「**你**是誰啊？」

「哦，抱歉。我是公園東的副醫師艾咪醫師。我是獸醫……我曾經在動物醫學中心實習……我在賓夕法尼亞大學獲得了ＶＭＤ……」

她根本不在乎我的背景，她打斷我說：「隨便，你快來醫院見我吧。」語氣一點都不幽默。

我們住的地方離醫院差不多遠，雖然我已經盡快趕去醫院，但她還是比我早到。當我衝進醫院時，她已經跟史派克一起坐在等候區了。她上下打量了我一番，我也不禁偷偷打量著她。第一次親眼見到她，真的非常超現實。她看起來就像……嗯，就像瓊．瑞佛斯，但是是**真正的**、立體的、會呼吸的她，就在我的面前。

她穿著一件紅色連衣裙，上面有毛領，腳上穿了深色絲襪，黑色高跟鞋，鞋跟高得不像話。粗大的金色手鍊，垂掛的鑽石耳環，以及戴了太多條項鍊……。她身上的每一寸肌膚都經過**精心打扮**，從假睫毛、完美的妝容，到與裙子顏色相配的紅色指甲，再到她那頭招牌式、一絲不苟的金髮。我想她應該是要去赴某個約會，也許是去卡萊爾飯店（Café Carlyle），或是去大都會博物館的某個慈善活動。她的打扮既令人畏懼、戲劇化但又相當專業。絕對不會有人把她誤認為普通人。

我完全被她的光芒震懾住了，然後才想起我要做什麼——史派克生病了，我是獸醫。不管看到她有多麼緊張激動，我都得做好我的工作。

「瑞佛斯夫人，」我說，「我是艾咪**醫師**。嗨，史派克！」

「他真的不太對勁，」她顯然很不安地說。我問了些關於史派克最近健康狀況的問題，她說他昨天晚餐時還很健康，食欲也很好。接著，她轉向史派克問：「你不是很喜歡盧格（Peter Luger）的牛排嗎？」然後轉向我補充說：「他很愛吃牛排。」

我不禁皺起眉頭。像牛排這樣的高脂肪食物，尤其是這家位於布魯克林區的名餐廳，那種用牛油烹調的牛排，確實可能引起腸胃不適。「我們進去看看他吧，我幫他檢查一下，」我說。

我們三個一起走進檢查室。我先進行一些簡單的評估測試，檢查史派克的脫水情況。我打開他的嘴巴，輕觸上排犬齒上方的牙齦，結果我的手指被黏住了。接著，我輕輕地拉起他脖子後方的皮膚，觀察其緩慢回復正常狀態的速度。兩個測試都顯示他有脫水現象，後來的血液檢查也證實了他脫水脫得非常嚴重。

我幫史派克量肛溫，當我抽出直腸溫度計時，發現上面沾滿了「覆盆子果醬」一般的排泄物。接著他抬頭看我們，直接在檢查台上拉起肚子，裡面還夾雜著一堆血塊。看到血塊的瑞佛斯夫人雖然妝容完美，臉色卻變得蒼白。

我繼續進行其他檢查，所有症狀都指向出血性腸胃炎——這會導致大量液體流失，讓血液變得黏稠而難以流動，無法完成正常的功能。這種疾病若及早發現，是完全可以治療的，因此病患需迅速補充水分，最好的方式是透過點滴補充，也就是必須住院治療。

我向瑞佛斯夫人解釋目前的情況，她變得有些焦慮。「不，他不能住院，」她說，「沒有我，他會很沮喪的。我們是彼此的伴侶。」

「我知道這對你們兩個來說很困難，但是我擔心史派克，我知道他必須住院，這樣才能夠快速治療脫水，恢復健康。」

她說：「如果你堅持的話，我必須知道史派克什麼時候能恢復正常。他星期一還得去錄影。」原來史派克是一隻工作犬，經常出現在瓊的節目中，並且會陪她出席所有的公開場合。

「他今晚一定得住院，我會在早上重新評估他的情況。我現在真的必須開始為他治療了。我會帶他去治療區，為他插入靜脈導管。這只需要幾分鐘，你可以等我做完以後再去看他。」

「我想看，」她說。

「我認為那不是個好主意，」我說。「我有注意到你不太想看到任何血腥的場面。」

她點點頭。「好吧，那就告訴我你要對他做些什麼。」

我還沒說完「首先，我會在他脖子要插入導管的部位剃毛……」，就被她打斷了。

「**你不能幫他剃毛！**」她大喊。「他星期一要上節目！」

「對不起，瑞佛斯夫人，這是不能妥協的，因為插針的部位必須保持無菌，」我向她解釋時帶了一點醫師的權威口氣來拒絕她的要求。當我把史派克抱起來帶進治療室時，她怒視著我。

十五分鐘後，我和喬治把插好點滴的史派克帶回來交給她。喬治用彩色繃帶包裹點滴的導管。瑞佛斯夫人擁抱了史派克，給了他一些沾上紅色口紅的吻，然後把狗交給我，拿起她的手提包和外套。

「喬治整晚都會陪著他，」我提醒她說：「你隨時可以打電話過來。」

她停下來說：「哦，**我會打來的**。」我相信她會打電話過來。

「還有什麼要注意的嗎？」

然後她竟然打開錢包，拿出一張五十元鈔票遞給喬治。

「不，瑞佛斯夫人！」他有些慌亂地說，「我不能收妳的錢。」

「收下！」她堅持道。「這是我的保險策略，這樣我才能保證你不會打我的狗。」

喬治當然不會打她的狗。接著，我看到她的臉上露出一絲微笑，這種幽默感真是有點怪異。喬治並沒有真的收錢。

除了最後的「笑話」以外，瑞佛斯夫人那晚完全沒有任何幽默感。當事情跟她的寵物有關時，她變得超級嚴肅。

隔天一大早，我和瑞佛斯夫人在公園東動物醫院再次見面。星期天早上八點的她，就像前一晚一樣，依然從頭到腳完美無瑕。史派克已經好多了，他的紅血球濃度恢復正常，神智清醒且食欲大開。他吃了一罐嘉寶嬰兒食品，這是我們常在狗兒胃部不適時餵食的餐點，既容易消化又味道可口。讓我和史派克都鬆了口氣的是，他竟然當著大家面前排出了一團半成型的糞便，就像是送給媽媽的小禮物一樣。

瑞佛斯夫人給了他一大堆吻，並說：「我真高興他好轉了。我們明天就要去匹茲堡參加一場表演。」

匹茲堡？**明天**?!「我不知道他的病況是什麼原因引起的，但我知道壓力可能是其中之一，所以讓他再休息久一點會比較好。」我接著告訴她，「旅行、吃不一樣的食物、睡飯店房間、在舞台燈光下表演，還有跟很多陌生人接觸等，這些壓力都會讓他恢復得更慢。」這些壓力對我也會產生同樣的作用。

「這些同樣也讓我難受，但史派克是表演的一部分，他得和我一起去。」我再試一次：「雖然我覺得他恢復到應該可以回家了，但我還是建議讓他多休息。」

「你單身嗎，艾咪？」她突然換了話題。

「是的，沒錯。」瑞佛斯夫人是要幫我介紹對象嗎？

「你的社交生活很不錯啊，星期六晚上陪著一隻拉血便的狗，星期天早上又來工作。」

難怪我媽會那麼喜歡她，她們果然是同一類人。

接下來的幾個月裡，我在值夜班或週末值班時，瑞佛斯夫人常常帶著史派克來掛急診，每一次的情況都一模一樣——嘔吐和腹瀉，但再也沒有像第一次的情況那麼嚴重。當他的症狀較輕時，我會使用止吐和止瀉藥物，並幫史派克打皮下注射液，每次他都能立刻恢復精神。因此，瑞佛斯夫人似乎開始認定我擁有讓狗復原的神奇能力。其實在這種情況下，任何獸醫應該都會做同樣的處置，但我當然不會告訴她這個事實。

史派克的年度疫苗接種時間到了，這一次不是助手，而是瑞佛斯夫人親自帶著史派克來到診所，並坐在等候區。當她穿著黑色高跟鞋踏進診所門檻，接待員伊芳馬上打電話給B醫師，告訴他有VIP客戶到了。他匆忙來到等候區，說：「您好，瑞佛斯夫人，抱歉讓您久等了，我現在就可以見您。」

瑞佛斯夫人回應說：「沒關係，我是來找艾咪的。」

現場一陣沉寂，然後B醫師說：「艾咪醫師在開刀，可能要等一會兒。」

「沒關係，我等。」

伊芳猛然抬頭，就連坐在旁邊椅子上的顧客也突然凝神靜聽。如果B醫師認為她還會說什麼，那他就猜錯了。只見她把史派克抱在膝上，開始翻看《名人》雜誌，一直到我有空見她為止。

我幫史派克打了犬瘟熱疫苗，並簡單地跟她討論一下史派克的健康狀況。這次診療的時間不超過十五分鐘，甚至比她等我的時間還要短。

瑞佛斯夫人離開後，我上樓進了辦公室，準備在下一個約診之前打幾通電話。才剛坐下，內線電話就響了，是B醫師叫我去他的辦公室，他的語氣很嚴肅，所以我有點緊張地走了進去。B醫師坐在他的辦公桌後，我坐在他對面的椅子上。

他直接切入正題：「艾咪，你必須加強你個人和專業上的技能。」

什麼？我有點茫然，愣了一下後，說：「抱歉，是不是有客戶對我提出客訴？」

「我剛才和瑞佛斯夫人談話，她稱呼你為『艾咪』而不是『阿塔斯醫師』，這是她對你的專業不夠尊重的表現。」

我眨了眨眼，感到困惑地說：「她靜靜地等我處理她的狗，我覺得這已經顯示了她對我的尊重。而且她知道我的名字，直接叫我名字也無可厚非。」

B醫師瞪了我一眼，重複說道：「你需要在你的個人應對技巧上多下點功夫。」說完，他低頭繼續閱讀他的文書內容。我則離開他的辦公室。

我努力想甩掉這次對話帶給我的困惑，但實在太奇怪了。我下樓去迎接下一位病患，並向伊芳提起剛才的事。「我不覺得驚訝啊，」她說，「當瑞佛斯夫人說她寧願等你也不找B醫師時，他簡直氣得冒煙。」

記住這次的教訓：永遠不要低估老闆受傷的自尊心。

從那天起，B醫師非常注意哪些VIP客戶會指名由我看診。我並沒有特意想要搶走他的客戶，但隨著我在非上班時間的急診中與這些客戶相處，許多人真的開始要求我為他們的寵物進行定期檢查。我只能小心翼翼地低頭做我的工作。

我想我一定做得不錯，因為在這裡工作三年後，B醫師問我說：「艾咪，你想不想成為我的合夥人？」

我既驚訝又驚喜，眼前立刻像是看到空中漂浮著美元符號一樣。我當時的年薪才四萬美元。如果各位還不知道的話，住在紐約是非常昂貴的，而且除了學生貸款，我現在還有房貸要還，任何收入上的增加對我來說都能產生巨大的影響。很肯定的是，公園東的合夥人薪水一定會比四萬美元高得多。

彷彿讀懂我的心思，B醫師說：「診所現在並不賺錢，所以我無法幫你加薪，但我會把你的名字放在我們的信箋上。」

如果算算每天進門的病患數量，我、B醫師和新來的副醫師鮑姆三人，每天看診的病患數量不下幾十位，所以我一直認為公園東相當賺錢。不過這並不重要，我喜歡在這裡工作，能被邀請成為合夥人，我感到非常榮幸。

經過幾個星期的拖延，B醫師拿了一些文件讓我簽署。原先期待會看到合夥協議，卻只看到「限制條款」字樣。這是一份「競業禁止」協議，文件中寫明如果我因為任何原因（包括無故被解雇）離開公園東醫院的話，我在一年內將不能在紐約市從事獸醫業務。雖然我不是學法律的，但這個限制看起來並不像是開始一場合夥關係的好條款。

我打電話給以前的獸醫學教授威爾森，他是這方面的專家，他告訴我說：「這個條款太極端了，艾咪，任何法官都不會同意這種條款有效，不過如果真的鬧上法院，你打這場官司會花很多錢。」所以我沒簽這份文件。

一九九二年夏天，大約是在我和B醫師討論合夥以及將來是否要把診所賣給我的一年後，B醫師問我說：「艾咪，你能把下週三晚上的時間空出來嗎？」那天是八月五日，也就是我在公園東工作的四週年紀念日。「你過去的一年做得很不錯，所以我想請你吃晚餐，我們可以討論一下獎金和加薪的事。」

終於。

「聽起來很棒！」我脫口而出。我就知道堅持留下來是對的。

「我訂了奧索（Orso）餐廳，」他微笑著說。B醫師知道那是我最喜歡的餐廳。我對這頓晚餐相當期待，不僅因為奧索的蒜香薄紙披薩麵包，還因為餐廳的名字來自店主心愛的狗。這似乎是一個好兆頭，象徵著我終於能得到迫切需要的加薪。

大約下午五點鐘，B醫師把我叫進他的辦公室。

也許他打算在晚餐前給我一筆現金獎金？

他說：「今天是你的工作週年紀念日，我覺得我們應該做一次評估。由你先開始吧。」

我內心有種直覺告訴自己不該先開始，所以我說：「不不，您是老闆，我覺得應該由您開始。」

他說：「艾咪，我覺得你沒有我想要一起度過下個十年的那種個性。所以你必須收拾好所有個人物品，現在馬上離開，別再回來這家診所。」

他真的這麼說了嗎？

我黯然地離開他的辦公室，走進我的辦公室，把東西丟進袋子裡，然後走到樓下X光室，抱起那隻總是跟著我來上班的盲眼巴哥犬「碰碰」*，然後離開這棟建築物。

* 譯注：碰碰的原文是Bumper，為常見狗名，原意為保險桿，通常是為四處碰撞的圓滾滾小狗取這樣的名字。

沒有眼淚，只有麻木的震驚。

我把狗狗抱在手臂下，肩上背著鼓鼓的袋子，像個僵屍般走到位於第五十七街和第六大道交界處，也就是我的男友史蒂夫的辦公室（是的，媽媽，我終於有男朋友了，而且他最後會成為我的丈夫）。他看著我，對著電話中的人說：「我得掛電話了，艾咪剛走進來，我覺得他被解雇了。」

吉恩醫師曾試著警告我關於合夥的談話一定是假的，未來把診所賣給我的提議也是假的，這些都是B醫師的拖延策略。我在星期三晚上被解雇，星期四早上B醫師就已經雇好另一位替代我的獸醫，而且就坐在我辦公桌的位置上。

在我被解雇的第一個晚上，當震驚和麻木的感覺消失後，我徘徊在憤怒和恐懼之間。如果客戶聽說我突然被解雇，他們可能會認為我一定出了什麼事，**艾咪醫死某人的狗嗎**？**他吸毒了嗎**？**或是他偷東西嗎**？名譽是我唯一擁有的東西，而我覺得他正是為了打擊我的名譽才突然解雇我的。

「我該去哪裡工作？我該怎麼辦呢？」我同時問著自己跟史蒂夫。我們整晚都坐著思考和交談。過去幾年來，確實也有其他獸醫邀請我加入他們的診所。不過，我並不想陷進類似的角色，為另一個自以為是的中年男人工作，因為同樣的事情有可能再次發生。

第二天早上八點，有兩個客戶打電話給我。第一位是作家伊莎貝爾・霍蘭德（Isabelle Holland），她的貓彼得是我在公園東工作四年間的長期病人。彼得年紀已經很大，患有重度腎病，原先已經計畫要安樂死。當她打電話到醫院確認預約時，聽說我已經離開而且沒有進一步的解釋時，她決定取消預約並找到我。「沒有人像你一樣瞭解彼得，你對他真的很溫柔。我希望能由你來幫他安樂死，」她一說完，我就開始哭了。

另一個客戶的留言是關於她家的「恰特尼」，一隻患有淋巴瘤的西高地白㹴（West Highland white terrier），本來今天安排了化療。她表達了和伊莎貝爾相同的心情，說她只希望由我來治療她心愛的寵物。

我接到的下一通電話是喬治打來的，他是夜班的獸醫助理，他只說了句：「我聽說了，我能幫你什麼忙？」

「你願意和我一起做兩個人的上門獸醫診所嗎？」如果我想出診到病人家裡做居家診療，就需要另一雙受過訓練的手。喬治毫不猶豫地立刻答應了。

不過，我並沒有時間感謝同事和客戶的忠誠和善意，我想到的是實際一點的問題。於是我打電話給吉恩醫師，告訴他B醫師把我解雇了。「歡迎加入，」他說。「我不會說『我早就告訴過你了』，我的醫院就是你的醫院，需要什麼隨時來找我，等你的世界停止旋轉時，我們再來仔細討論。」

當我到達吉恩的診所時，他立刻把那個兩年前他離開公園東時，我送給他的優雅皮革出診用醫師包拿給我，我被這個舉動感動得又開始流淚。

「別這樣，」他說，「快把東西裝進包包裡。」

我收拾好情緒，裝好需要的用品和藥物，開始了我的兩趟居家約診。

第二天，我做了四趟居家約診。第三天，我又出診了四趟。喬治很高興他能在白天跟我進行祕密合作，結束後再回去做他在公園東的夜班。於是消息傳開了，我每天都有更多的出診預約。

我開始意識到，或許我可以繼續做這種居家診療服務，不必再為其他獸醫診所或醫院工作。也就是說，我可以掌控自己的命運，這個前景似乎比貸進巨額債務買下別人的診所，更讓我覺得開心。

我問史蒂夫：「你覺得這種做法有可能嗎？我是說做居家診療獸醫？」

「我不知道這在經濟上是否可行，但我知道你一定會是這方面的超級明星。這完全適合你那種非常個人化的醫療風格。」他說。

他是唯一一個相信我能做到的人。我向幾位其他信任的人諮詢過，有些人說：「這就像那種很新奇的事，大家最後還是會厭倦的。」也有人警告我說：「你會因為長時間開車而收到停車罰單，甚至得痔瘡。」不過大家的共識都是繼續做下去，「直到最後你搞清楚自己該怎麼做。」

我當時對如何實現我所設想的目標完全沒有頭緒。雖然有些獸醫會在醫院營業時間之外為病人提供出診服務，但我從沒聽過曼哈頓有全職做居家診療的獸醫。這座城市裡曾經有過一、兩位這麼做的獸醫，但他們最後都放棄了，又回到動物醫院的工作環境中。

我知道這是可行的。客戶甚至可能更喜歡獸醫在他們感到最舒適的環境下，為他們的寵物提供治療。如果我在藥物和設備方面有穩定的供應，而且有地方可以存放器材，加上可以使用吉恩的醫院進行手術。只要能有穩定客源，我覺得應該可以成功。

於是我在《紐約時報》、《紐約雜誌》和《紐約客》上刊登廣告，還在上東區和西區的當地報紙及免費報紙上投放廣告，內容簡單寫著：「曾任職於公園東動物醫院的艾咪醫師，現在提供獸醫出診服務，讓您心愛的寵物可以在家中舒適地接受治療。」

接著，我聯繫了更大的宣傳平台，而且是我所知最大的那一個——我撥通瑞佛斯夫人的電話，電話在兩聲鈴響後接通了。

「您好，瑞佛斯夫人，」我說，「我只是想讓您知道，我已經離開了公園東，現在提供出診居家服務。」

「怎麼回事？」她問。

「您想聽短版或是長版？」

「我想聽**每一個細節**，而且我保證上東區的每一個人也會知道所有的細節。」

所以我告訴她較長版本的故事，也就是回溯到三年前的那一天，她告訴B醫師寧願等我完成手術，也不願找他幫寵物看病。那句話在B醫師心中播下了我可能威脅到他的種子。「所以在某種程度上，」我告訴她，「可能是你害我被解雇的。」

她發出經典的沙啞笑聲說：「別擔心，我會彌補你的。」

她真的這麼做了。這位會說著名的「我們可以聊聊嗎？（Can we talk?）」招牌口號的女士，打電話給她認識的每個人，告訴他們我的出診獸醫診所新業務。她單槍匹馬地為我打響口碑，並成為我最忠實的客戶。隨著歲月流轉，她也成為我最親愛的朋友。

3 我的靈活度訓練
My Agility Training

在我新創的出診獸醫診所「城市寵物」創立初期，我必須學會一整套全新技能，也就是具備適應性和靈活度。因為現在我不光是一名獸醫，還必須經營一家診所。我得打廣告、找客戶，滿足他們的需求，還要雇用並管理員工，寄帳單、付帳單——還有許多不可預見但相當重要的任務，這些都是創業初期和成功創業的必要條件。

我的父母也參與其中，他們負責製作寄給新客戶的疫苗提醒明信片。爸爸大聲唸出客戶的資料（因為他寫的字跡很難辨識），媽媽負責寫明信片。他們甚至會在各種活動中發放傳單。加上我的男友史蒂夫，他們都是我最堅定的支持者。雖然我的新事業看起來前途光明，但我很快就意識到還有很多東西需要學習。

我覺得自己像是在接受競技犬的訓練。我必須發展出**靈活度**，才能提高跳躍能力、加速減速並隨時改變方向的能力，繼續前進。我的眼睛必須隨時保持警覺，耳朵要敏銳，甚至我的第六感也得保持高度警覺，才能讓這種直接面對客戶的業務成功。尤其是面對曼哈頓的**動物**愛好者更是如此。

這是我重新塑造職涯的第一個完整星期的第一次約診。我來到位於上東區的一座聯排別墅（意思就是豪宅），我被預約安排診治的是「洛基」。他是一隻十一歲而未結紮的雄性羅威納犬（rottweiler），他很巨大，偶有攻擊性。他的眼睛正腫脹且疼痛著。他的飼主是查賓（Robert Chapin），一位成功商人，擁有位於曼哈頓各處的房地產以及幾家米其林星級餐廳。除了餐廳之外，洛基是他的最愛。

我第一次見到他們是在公園東，當時B醫師竟然將洛基的約診轉給我負責。我之所以感到驚訝，是因為查賓先生是他的VIP客戶之一。直到診療結束，查賓先生才告訴我，我是迄今為止唯一一位沒被洛基咬過的獸醫，那時我才明白為何我會接到這個約診。

第一次造訪他們家時，我驚訝地看著那座看起來完美的梅菲爾聯排別墅（Mayfair townhouse），我迫不及待想看看屋內是否跟外觀一樣令人印象深刻。

按門鈴後，一名穿戴白色領結和手套的管家打開了門。「我是艾咪．阿塔斯醫師，獸醫。」我邊說邊試圖從他的肩膀背後看看屋內。「我有約診，要看洛基。」於是管家幫我扛起一部分出診袋（那天早上我自己搭車搬來的），並邀我入內。

當你進入別人的私人空間時，你會瞭解許多跟他們有關的事。例如從一開始，我就發現查賓先生像個活錯時代的男人。雖然我很快就會發現，所有上東區房子的裝飾風格要不是現代簡約風，要不就是像布阿塔（Buatta）的設計一樣，充滿花卉格子布的爆炸風格，但查賓先生的房子卻像古老的歐洲風格，它讓我想起英國鄉村的大莊園——切斯特菲爾德紅皮革沙發、帶爪腳的華麗喬治風家具、交疊的東方地毯和深色木質牆板。每個平坦表面上都擺放著雕刻精緻的燈具、明顯貴重的玻璃器皿，牆上則掛著肖像畫。

管家說：「就在這裡，」並帶我穿過兩扇從地板往上延伸三公尺半的法式門，門上裝有可能和房子本身一樣古老的切割玻璃面板。屋內有位穿制服的女僕正在為打掃收尾，房裡瀰漫著陳年木材和檸檬清潔劑的氣味。圍繞著光滑的紅木餐桌，擺著十六張安妮皇后風格的椅子。喬治亞風格的側邊櫃上擺滿了閃亮的古董銀茶具，我可以想像會有一位像「唐頓莊園」影集中的管家，每晚都會擦拭它們（我父親是銀匠，所以我對此有所瞭解並且印象深刻）。

正當我驚嘆於這段古典時光的回溯時，管家把我拉回現實。「查賓先生十分鐘後就來。」他說完後便離開，並將玻璃面板門關上。

我花了五分鐘左右就在餐桌上將設備擺放妥當，所以認為還有足夠時間去一下廁所。我打開兩扇門並大聲喊說：「我只是去趟洗手間哦。」沒有人回應。

當我回來時，查賓先生依然不見蹤影。但我看到洛基在餐桌的另一側，便直接走了過去。他的左眼確實因為腫脹而闔上，但右眼盯著我，看起來不太高興。

就在一瞬間，洛基猛然地向我衝過來，露出碩大的牙，發出一聲低沉的咆哮，聽起來更像是吼叫。我的直覺反應是必須迅速跑離房間，於是抓住雙開門的把手，在洛基撞到的瞬間猛然關上，我幾乎以為玻璃面板會就此碎裂。

我顫抖著，用盡全力把門夾緊，洛基則用身體撞門，一邊咆哮一邊狂吠，口水濺得滿玻璃都是。如果我慢了一秒鐘，或者他早點發現我，我毫無疑問一定會受傷。他那隻影響視力的腫脹左眼可能救了我一命。

洛基攻擊的聲音讓管家、女僕和查賓先生奔跑過來，每個人都向我道歉。我心跳加速地說：「我沒事，是我的錯。我不該沒等你來就進去。」

我應該要更聰明一點才對，所以我對自己感到生氣。我早就知道洛基具有攻擊性，而我進入了他的領地，這算是對他的挑釁行為。可能是我在走進去的時候沒有全神貫注，因為室內的裝潢太過吸引我，我應該乖乖等待查賓先生抵達後再進去。

他說：「真的很抱歉，親愛的。你沒事吧？你看起來有點受到驚嚇。我們重新約時間吧。」

我振作精神，然後說「不」。我說：「洛基應該很不舒服，我現在就幫他治療。」我必須完成這件事。如果我打算到客戶家治療他們的寵物，無論門後遇到什麼狀況，我都必須完成。

「那接下來怎麼辦？」他問道，直到我從驚嚇中恢復過來為止，我倆都透過玻璃門盯著洛基。這隻巨大的狗終於不再撞門了。現在他坐著，但仍用那隻好的眼睛緊盯著我。

「你先進去牽住他。」我指示道。

當管家和女僕躲在我身後的走廊上時，查賓先生走進餐廳，關上門，溫柔地安撫他的寵物。雖然十一歲大的洛基就羅威納犬來說，已超過牠們的一般壽命，但他的速度絲毫沒有減慢。

當洛基被牽住並坐在查賓先生旁邊時，我走了進去。儘管雙腿發軟，我還是為了大家，盡力裝作冷靜和自信。我對洛基用一種像是「我們和好吧！」的朋友語氣說：「我們來看看你的眼睛怎麼了。」

我的設備已經擺在桌上，所以我戴上手套，彎身與這隻剛剛差點把我的頭咬掉的猛獸面對面。我用柔和平靜的語氣，向我的客戶和病患解釋我要做的事。

「我會用手指撐開你的眼瞼，然後把這條濾紙貼在你的眼球上三十秒鐘，檢查是否有乾眼症。」這條濾紙上有標注公厘刻度，用來測量淚液的數量和質量。就像人類一樣，狗也可能罹患讓眼睛很痛的急性乾眼症。洛基也可能有角膜潰瘍，這是一種非常疼痛的情況，會造成角膜表面細胞受損或缺失。我認為這很可能就是問題所在，因為角膜損傷也能解釋洛基的異常攻擊行為。但我得先排除乾眼症，要做到這一點，我得把鼻子湊近離他那對巨大牙齒只有幾公分的地方。

「乖孩子，」我邊做檢查邊輕聲安慰。同時，我也努力提醒自己要記得呼吸。

洛基可能因為撞門撞累了，所以接受濾紙檢查時沒有發出咆哮聲或是撲咬。結果他的淚液分泌正常。

「現在我要在你的眼睛裡滴幾滴局部麻醉的藥水，」我說，「你會覺得舒服多了。」一旦藥水滴下，洛基在二十分鐘內都不會感到疼痛，他的肩膀立刻放鬆了。我有種感覺，洛基的心情已經從渴望殺掉我，變成對我的死亡只有輕微的興趣。

在麻醉劑還沒完全消退之前，我快速用一隻手撐開洛基的眼瞼，滴入一滴橘色染料來檢查角膜（也就是眼睛最上一層）的完整性。染料的一部分發出了螢光綠。成功了。

「難怪你心情不好，」我說，「你有很大一塊角膜潰瘍。」

「他會失明嗎？」查賓先生問。

「不，他不會，我現在就開始幫他治療。」

我又滴了另一劑局部麻醉藥水，然後開始用藥物治療他的潰瘍。由於麻醉藥水的效果，洛基感覺好多了。當我完成後，他躺在東方地毯上，搖搖他的小尾巴。我並不是說他立刻變得軟弱無力，但在此刻，洛基就像是寓言裡那隻被拔掉刺的獅子，而我當然是那隻老鼠。

一切都完成後，我收拾好裝備，心跳終於恢復正常。查賓先生甚至幫我把行李拿到前門。「情況不算太糟吧？」他總是那麼淡然地說話。

我點點頭，說：「本來可能會更糟。」

「幾個月後會來幫洛基打預防針嗎？」他問，「我們會乖乖的，我保證。」

「當然會來，」我說。在那次出診之前，我的規則是永遠不用鎮靜劑來做檢查。但在那次之後，我想可能會有例外……不是對洛基，而是我自己要用！

從那天起，面對一隻具攻擊性的狗，我再也不會進入牠的領地，就算牠跟我很熟也是一樣。相反地，我會確保自己第一個進房間，讓狗主動過來靠近我。

雖然這次我差點被咬，但我還是把這當作是一次勝利。整整一週，我都在擔心展開上門獸醫診所業務的各個方面：害怕會失敗，害怕自己根本不知道該怎麼做，害怕在沒有獸醫助理的情況下無法治療病患，害怕客戶不希望我在他們家裡照顧他們的寵物——甚至擔心自己沒有客戶。

但我沒料到的是來自病患的猛烈攻擊。我有充分的理由感到害怕，但在一切結束後，一股自信湧上心頭。我沒有當場放棄，而是直接面對那隻憤怒的動物並為他治療，而且一切都是在客戶面前完成的。人和動物都對我感激不盡。

然而，我沒有時間陶醉在榮耀中。我攔了一輛計程車，把所有東西扔進去，告訴司機下一個預約地址。我知道最後我一定會知道該怎麼做。**處理完一個病人，一輩子還有很多病人在等著我**。

在曼哈頓移動就像進行障礙賽跑一樣，必須在繁忙的交通中穿梭，躲開包括垃圾車、突如其來的街道封閉、闖紅燈的行人、坑洞和隨意打開的人孔蓋、尖峰時刻的交通和學校巴士等。而且暴風雨是我最大的敵人，一旦下雨，曼哈頓的人行道立刻擠滿手持雨傘、動作緩慢的行人，讓推著裝備行李箱的我寸步難行。更糟的是，只要下點雪，紐約人就會忘記如何開車，而雪再多下一點，小小的街道就會只剩下一條車道，兩側則被無法攀越的積雪擋住，而且每個路口還會出現很深的髒雪水坑。

我試過搭地鐵在各個出診地點間穿梭，但每天把設備上下搬十次樓梯是很辛苦的事，我只能繼續搭計程車。當時（現在也是）紐約市的計程車在乾淨和舒適程度上是隨機的。有些計程車座椅沒有彈性，有些座椅黏乎乎的，還有用膠帶修補的痕跡，而且幾乎所有計程車的地板上都留著上一位乘客的垃圾，後照鏡上也都掛著噁心的「空氣芳香劑」。每天坐在搖晃的計程車後座幾個小時，真的會讓人生病。

在某個特別艱難的一天工作後，我回到家對史蒂夫說：「我有預感，我會死在計程車的後座上，或者被某個試圖搶計程車的人謀殺。」

問題解決大師史蒂夫簡單地回答我說：「雇個司機。」

「你瘋了嗎？我負擔不起雇司機的費用。」

他看了我一眼，對著我滿身的雨水與一整天的疲憊，沮喪地說：「你雇不起一個司機，而且你還要雇一個行政助理。」

於是我在《省錢者》（*Pennysaver*）刊登了司機招聘廣告，這是一份很薄的本地免費報紙，結果來了一個約二十歲的年輕人，名叫伯特。伯特從哈林區開車過來，在史蒂夫的辦公室進行面試，因為我把自己的工作基地設在他會議室的一個角落。

伯特長得很帥，身上穿著一襲藍色西裝外套，搭配 Gucci 樂福鞋，還帶著一個路易威登公事包，這些裝扮都是為了參加我的司機面試。經過交談後，我說：「開車帶我繞一下社區，讓我看看你的實力。」

「太好了，」他興奮地說。「我的BMW就停在樓下，我剛剛在前面找到一個好位置。」

哦，天啊，前面？五十七街上根本沒有合法的停車位，而且我們已經聊了半小時。「我們得快一點，」我這樣說是不想嚇到他。

等我們走到外面，發現他的停車位置上是空的，而那就在一個上面寫著**「禁止停車，隨時拖車」**的大標誌旁邊。

可憐的伯特羞愧地說：「這麼大的標誌我怎麼會沒看到？」

他看起來相當沮喪，所以我唯一能做的事就是雇用他。我告訴他去市政府的拖車場拿回車子，並叫他第二天過來上班。

伯特是個好人兼好司機，成為了我們團隊的重要成員。他載著我和喬治（現在是我常駐的獸醫助理）從一家出診到下一家。這簡直是夢想成真！我不得不承認，有了專屬司機讓我的工作變得輕鬆多了，也因此能接下更多的出診預約。

事實上，事情進展得如此順利，讓我四個月後第一次有了週末休假，可以到佛羅里達探望我的父母。那個星期五下班後，伯特開車載著史蒂夫和我去機場，我把航班訊息交給他，讓他知道我們週日晚上回來時的接機時間。

當飛機週日降落在紐約的拉瓜地亞機場時，我的呼叫器（那是在手機時代之前）開始響個不停，上面顯示了伯特的號碼。我急忙走下飛機，焦慮地四處尋找公共電話，打算回電。

「你怎麼這麼慌張？」史蒂夫問道。

「是伯特，我有不好的預感。」

「快別這樣，他又不可能被關進監獄什麼的。」

我撥打了號碼，接起電話的是位女士，那是伯特的媽媽。她打呼叫器是為了告訴我——伯特被關進監獄了。

「所以他今晚和明天早上都不能去接你，」她說，「不過別擔心，他最好的朋友科里，會在星期一早上按原定地點接你。」

科里也有一輛新ＢＭＷ，心態也很積極。不過他馬上就告訴我，他在紐約市公園部的工作等待名單已經等上三年了。在我雇用他兩個月後，他終於接到他期待的通知，必須離開我去為市政府工作。於是科里又把任務交給他最好的朋友安東尼，一個身高超過一百八十公分、很害羞的年輕人。安東尼實在太高，必須把駕駛座推得很遠才能開車，不過這樣後座就沒有空間了。雖然對我這樣矮小的人來說也相當擠，但我們還是想辦法繼續運作下去。

安東尼有個缺點。有時我們在公寓樓上看診，他會把座椅調到很後面小睡一下。有次我回到車上，發現他睡得如此沉，竟沒注意到自己已被開罰單了。

「安東尼，你不要在兩次看診間睡覺，我負擔不起那些罰單！」我大喊著，因為這些罰單要由我來繳。

「對不起，艾咪醫師，等待實在太無聊了。而且陽光照進眼睛，我的眼皮就開始下垂。」

確實，早期日子裡的生意不多，而我的司機也不是像計程車一樣，團隊在樓上工作時還可以四處做生意。

「為什麼我在樓上時，你不做點事情來打發時間？你可以看書或是做點別的事，」我建議他。

「看書很無聊。」

「**無聊**的書才會無聊，」我回應他。「你可以看一些讓你感興趣的書。」

我記得幾週前他說他看了《黑潮麥爾坎》（*Malcom X*）這部電影，於是第二天我帶給他一本《麥爾坎．X自傳》（*The Autobiography of Walcolm X*）。他懷疑地看著這本書，但還是勉強答應至少會讀完第一章。

同一天，因為我們有點落後時程，於是匆忙趕回車裡，準備趕去一位因我們遲到而生氣的客戶那裡。喬治和我很迅速地把設備搬上車，跳進車裡，但安東尼卻沒有發動引擎，**他又睡著了嗎**？

「安東尼！怎麼了？我們得出發了，真的遲大到了！」

「等一下，艾咪醫師。我還剩兩頁就讀完這一章了。」

我太震驚了，這確實值得等一等。從那次之後，安東尼再也沒在車裡睡著過，而且在工作時間內真的讀完了不少書。

現在，我的司機問題解決了，而喬治也答應成為我的獸醫助理。他是我多位優秀獸醫助理中的第一位，後來還有莎莉、卡莉達和珍寧。接下來，我必須找一位行政助理。到此刻為止，我已經把史蒂夫辦公室的整個會議室，當作我存放器材、物資管理和檔案的儲存空間。對我來說，這裡就是我的辦公室。

我的客戶瑞秋恰好是獵人頭顧問，她專門為在演出間有空檔的女演員尋找工作。透過她，我聘用了幾位才華橫溢的可愛女性。但每次我把她們訓練好，不可避免地她們總會被選上外地製作的《奧克拉荷馬！》（*Oklahoma!*）或《法律與秩序》（*Law & Order*）的常駐角色，因此不得不辭職。我雖然為她們感到高興，但她們在事業上的突破卻屢屢讓我陷入困境。

所以我不再聘用女演員了，瑞秋轉而介紹了來自無線電城的火箭女郎（舞者）格蕾塔。她來自威斯康辛州，二十二歲，性格友好，工作努力，並且擁有令人難以置信的美麗和一雙延伸到天際的長腿。她在我外出巡診時，負責管理會議室辦公室，史蒂夫對此感到非常滿意。

格蕾塔接到來自東九十六街的一位新客戶的來電。布蘭達・柯林斯（Brenda

Collins）正準備搬到加州，並打算帶她的四隻貓一起去。所以牠們都需要接種疫苗和獸醫簽署的旅行證書。在同一地方看四隻寵物，加上接種疫苗和旅行證書，這將是一趟輕鬆的賺錢行程。

我為前三隻貓一一檢查，並且為牠們接種了疫苗。

第四隻貓名叫「珍寶」，為什麼麻煩的病人總是有像珍寶這樣甜美的名字？牠顯然很緊張。我把牠從躲藏處抱出來，小心翼翼地帶到放著診療設備的地方。布蘭達伸手過來安慰牠。我從牠身體的緊張程度看出珍寶一定會咬她，所以我下意識地用右手把布蘭達推開，左手則握住珍寶。結果，牠立刻用牙齒深深咬住我的右手腕，不肯鬆開。

「**啊！**」真的很痛。

喬治很小心冷靜地用厚毛巾把貓從我的手上拉開。我的手立刻腫起來。我強忍著淚水，無視於疼痛，完成了檢查，並為珍寶注射了所需的旅行疫苗。當我們回到車上，安東尼看到我的臉色，問說：「艾咪醫師，你還好嗎？」

我說：「改變計畫，」然後把醫師的地址告訴他。喬治通常會坐前座，但這次他和我一起擠進後座。他檢查了我那隻快速腫脹、顏色變暗的手說：「安東尼，開快點！」他深知被貓咬傷有多危險，因為他自己也養了五隻貓。

我帶著傷口去看了三位醫師，甚至包括我的哥哥路易斯，他是在紐澤西州執業的

「四重專科」*醫師。最後，一位曼哈頓的手部外科醫師告訴我，我必須住院並接受為期三週的二十四小時抗生素點滴注射。不行啊！我還有一家新診所要營運。

「若不這樣，你可能會失去你的手，」她表情嚴肅地說，聽起來確實不太妙。於是我問醫師：「我可以**在家**接受ＩＶ治療嗎？」我知道這是可能的，因為我哥哥有一些癌症病人就是在家接受ＩＶ藥物注射。

她瞪了我一眼說：「這是怎麼回事？**醫學也能談判嗎？**」

當然可以，我很堅持。於是當天稍晚，有位護士來到我的公寓，把靜脈導管放入我的左臂。史蒂夫和喬治安排了時間表，每天三次更換ＩＶ滴注袋。在喬治的某次照護時，他開玩笑說，如果我不幫他加薪，他就會打一針空氣泡進去。哈哈，我當然同意幫他加薪。

雖然我很喜歡這種諷刺：上門居家看診的醫師自己卻接受居家治療。不過我在整整三週的抗生素治療期間還是感到無比痛苦，因為無論在工作上或生活上，我都有太多的事情要做，但現在我卻連自己都無法照顧。

更糟的是，史蒂夫和我即將在六週後舉辦訂婚派對！但在被貓咬傷之前，我根本沒有時間去挑禮服。於是我打電話給離我公寓一條街的精品服飾店，三小時後，兩排美麗的派對禮服就被推出店門。精品服飾店老闆告訴我，喜歡的就先留下，等我覺得身體好些再來試穿，他們會過來取走選剩的衣服。這真是太好心了。最後我買了兩件禮服，一件是為了訂婚派對，另一件則是為了讓我的心情好一點。

直到三週的抗生素治療完全結束，我才被宣判已經復原到可以繼續工作。所以我也逐漸恢復了預約，但由於手仍然感到疼痛，所以我這段時間都無法進行手術，只能把這些病例轉給醫院的外科專家處理。當我完全復原之後，我在吉恩的醫院安排了第一場手術。

我那天的病患是隻小狗，牠有一顆未下降的睪丸仍留在腹腔中。由於牠已經計畫好要做去勢手術，因此整個手術就是要先割除陰囊中的睪丸，再進入腹部取出那顆未下降的睪丸。這個手術很簡單，我已經做過很多次。

我先在腹部做切口，開始尋找那顆睪丸。然而過了五分鐘，我還是沒找到它。**很顯然地，那顆睪丸應該就在裡面**。我的額頭開始冒汗，心裡產生了一個念頭：我若是永遠找不到那顆睪丸，這場手術就永遠不會結束。於是我的頭開始劇烈疼痛。

我正處於一次「恐慌發作」中。這是我人生第一次經歷這種狀況，我知道我的焦慮並不理性，應該不會持續太久，但這絲毫未能減輕我的痛苦。我有一隻麻醉中的寵物，而我卻無法完成工作。

「請吉恩醫師過來，」我對協助我的護士說。「快點！」

吉恩匆忙跑進手術室。「怎麼了？」

「我辦不到，」我說。「你得接手。」

* 譯注：通過四項醫學專科認證。

他立刻看出我的焦慮狀態，但他卻說：「我不會介入這場手術，你必須完成它。深呼吸……告訴我，你正在做什麼？」

「我在找睪丸，」我回答。

「它應該在哪裡？……很好，現在就去那裡找。」

過了幾分鐘，我終於找到那顆睪丸。我鬆了一口氣，差點流下眼淚。

「接下來你打算怎麼做？」他問。

「我要把它取出來。」

吉恩在整個過程裡，一步步陪著我進行每個手術步驟。在他的耐心下，我完成了手術，小狗也安然無恙。

但我不好。我坐在休息室裡發抖了整整一個小時。

吉恩說：「我告訴過你，你一定可以做到。」

「你說得對，我確實做到了。但我決定這是最後一次手術了。」

這真的成為我的最後一次手術。當客人的狗處在麻醉下，我卻經歷了恐慌發作，這是我獸醫師職涯中最糟糕的經歷。我對那些擁有外科專科資格的同事們充滿敬意，也很樂意將病人轉介給這些最優秀的專家。

在那場手術中，我遇到了巨大的心理障礙。我並沒有試圖跨越它、突破它或是低頭躲避，我只是選擇了回頭。我們所能掌握的、最重要的靈活技巧，其中之一便是「自我覺醒」，知道何時該停下來評估現狀，甚至選擇改變方向，以便走一條更適合自己的道路。

事實上，這次轉折——不再自己動手術，而是將病人轉介給擁有專業資格的外科醫師——結果反而是件好事，因為我更喜歡那些醒著、搖著尾巴或是開心呼嚕著的病患。

4 無可比擬的羈絆
A Bond Like No Other

家人傳言我學會的第一個單字是「小狗」（puppy），這實在有點奇怪，因為在我還很小的時候，家裡根本沒養狗。但我從那時起就知道自己喜歡狗——事實上，我愛所有的動物——而我必須擁有一隻。

我和哥哥路易斯、爸爸三人一起密謀這件事。因為家裡唯一反對的人是媽媽，她怕狗。她除了要照顧家庭，還在爸爸的工廠——派拉蒙銀匠（Paramount Silversmiths）擔任會計。而且媽媽知道不論我們如何保證，如果家裡真的養了狗，所有的責任都會落在她身上。但我們沒有放棄。

爸爸喜歡那種臉部扁平的狗，最終說服媽媽一起去看拳師狗（boxer）和鬥牛犬（bulldog）。他們先去了拳師狗繁殖場。當一群大狗衝出屋外時，媽媽甚至不敢下車！太可怕了。接下來的那週，他們又去了鬥牛犬繁殖場，媽媽對這些狗也是直接說了句「**不行！**」

爸爸的後口袋裡還藏著底牌，第三個選項：巴哥犬（pugs）。巴哥犬的體型比拳師狗和鬥牛犬小得多，牠們塌陷的臉部充滿表情。由於一九六〇年代早期並不流行養巴哥犬，因此包括媽媽在內的大多數人，都從未見過這種狗。爸爸事先做了功課，找到一家距離家裡幾小時車程的繁殖場。媽媽勉強同意試最後一次，據說可能還附帶了送媽媽一輛奧斯摩比彎刀至尊（Oldsmobile Cutlass Supreme）的承諾，但我無法證實。

那個星期六，我的祖父母來照顧我和路易斯，讓我爸媽可以前往來回要花上一整天的繁殖場。他們在那裡遇見了「公爵夫人」，一隻已生過好幾胎的三歲母巴哥犬，現正等待領養。公爵夫人性情溫和，擁有黑色的口鼻、硬幣大小的深棕色眼睛、絲絨般的烏黑耳朵、可愛的淺褐色身體，以及一條像起司丹麥酥一樣捲曲的尾巴。

「我想我可以接受和這隻狗一起生活。」媽媽勉強地說，而這句話正是爸爸想聽的話。他不讓媽媽有任何反悔的機會，立刻決定領養公爵夫人。雖然我從未問過，不過我想爸爸其實一直想養的就是巴哥犬。他故意先帶媽媽去看那些大狗，好讓這隻小狗更容易被接受。

回家的路上，公爵夫人坐在媽媽的膝蓋上。兩者都顯得笨拙又緊張——然後公爵夫人拉屎在媽媽的裙子上。「這表示她愛妳，」爸爸充滿希望地說。

「開你的車吧，」媽媽冷冷地回道。

路易斯和我一見到公爵夫人就愛上了她，她也立刻成為家裡的一分子，隨時隨地都和我們在一起。

有時人們會在街上攔住我們說：「牠是我見過**最醜**的狗。」在這種時候，爸爸的標準回應總是：「你最好在自己的物種裡，像她在她的物種裡一樣漂亮吧！」也有人對爸爸說：「你知道嗎？你和你的狗長得很像。」這倒也沒錯。爸爸**確實**長得有點像巴哥犬，或許這就是為什麼他會特別喜歡這種塌臉狗的原因。

公爵夫人成了我最好的朋友。我偶爾會幫她穿上嬰兒連身衣，推著坐在嬰兒車裡的她四處走動，她似乎也不反對。還有一次，我分享太多的瑞典魚形軟糖給她，結果接下來三天，她的便便出現綠、紅、黃、橙四種顏色。我甚至還帶公爵夫人參加小學的才藝表演。她的才藝是什麼呢？她可以在嘴裡剝葵花籽：用牙齒咬開殼，吐掉殼，然後只吃籽。雖然這不是很吸引觀眾的表演，但至少比另一隻在舞台上大便的牧羊犬好多了。

我把生活裡的一切跟公爵夫人分享。當我把自己的小祕密低聲對著她那絲絨般的耳朵訴說時，她會用深邃、富有靈魂的眼睛凝視我，彷彿她真的理解我。後來在青春期，當我為某個愚蠢的男孩或是女生之間的嘻鬧衝突哭泣時，公爵夫人甚至會用舌頭舔乾我的眼淚。她像是給我安慰和安全感的避風港，我從她身上學到了兩個物種之間，可以擁有多麼獨一無二且特別的親密羈絆。

有一段令人驚嘆的人與寵物關係至今仍令我讚嘆不已，那是一隻叫「奶油」的黃金獵犬和飼主愛倫・伯斯坦（Ellen Burstein）之間的故事。愛倫曾是一位專門揭發名人醜聞的電視記者兼作家，在我認識她的十五年前，她就已被診斷出患有多發性硬化症（ＭＳ）。她因為必須接受最先進的ＭＳ治療才剛搬回紐約，她的雙胞胎妹妹派翠西亞及另一位擔任法官的妹妹凱倫（後來參選紐約州檢察總長）也都住在紐約。

首次拜訪時，我對愛倫的情形一無所知，只知道我要見一位新客戶，為她那隻十歲大、已經去勢的公黃金獵犬進行健康檢查。

愛倫住在哥倫布大道上一棟現代化建築的一間簡約兩臥室公寓裡。我一走進大廳，門衛就向我揮手示意搭電梯，說：「上去吧，愛倫一直在等你。」

我甚至還來不及說我是獸醫！

我按了門鈴，沒聽到任何動靜，於是我立刻低頭確認自己是否按對公寓門鈴，因為通常當我接近前門時，狗病患早就開始吠叫，有時甚至在我碰門鈴之前就狂吠起來。但一隻十歲的黃金獵犬毫無動靜？**難道他已經聽不見了**？

我本來就知道要做的是一隻老年犬的健康檢查。就在我準備再次按鈴時，屋裡傳來微弱的聲音：「請等一下……」門慢慢地打開，卻不見任何人影。我花了不到一秒的時間掃視室內，在狗應有的高度上看到我的病患「奶油」。他就站在門內，搖著尾巴，從嘴裡吐出一根拉繩，就是這條拉繩讓牠可以用嘴拉動門把開門。**我第一次見到這種情況**。

我說：「你好，奶油。」

公寓深處傳來愛倫的聲音：「我在這兒，奶油會帶你過來。」奶油輕輕撇頭，彷彿邀請我進門，然後用鼻子輕推關上我背後的門。我對他受的訓練深感佩服，隨即拉起裝滿設備的輪箱，跟在他身後沿著走廊走。愛倫就坐在一張輪椅上，她的客廳裡家具很少。棕色短髮的她約四十幾歲，臉上帶著微笑說：「你已經見到奶油了。他是我的摯友、知己、全天候看護者，也是這個世界上最棒的狗！」

我同樣以微笑回應她，但試圖不盯著愛倫看，因為她在輪椅上的姿勢明顯有些不自然，看得出有很嚴重的肢體障礙。我想公寓裡應該有看護工，可以幫她整理一下。

我在她身旁坐下，開始詢問一些跟奶油有關的背景問題。我們討論了他的飲食、如廁習慣、過往病史以及疫苗接種紀錄。在我們聊天的過程中，奶油把頭放在她的腿上，然後調整身體，他把左前腿橫跨在她的腿上。

「真是溫馨的表現。」我讚許地說。

「他只是在履行職責。有時候我會有無法控制的抽搐動作，很可能讓我從輪椅上摔下來，所以他把腿橫在我的身上，以防我摔倒。晚上也一樣，他會把整個身體靠在我身上睡覺，確保我不會從床上摔下來。」她說。「這些情況都是在奶油進入我的生活之前經常發生的。」

沒人教過奶油這些，但他似乎天生就知道愛倫需要什麼，並且自然而然地去做。愛倫接著形容自己是個相當獨立的人，她無法忍受整天有人圍繞在身邊，就算她確實需要照護也一樣。但只要有奶油在，她就能安心地獨處幾個小時，不用擔心自己會受傷。

我準備開始檢查，於是把奶油叫過來。他輕輕地碰了碰愛倫，彷彿在徵求她的允許，是否可以離開她到我這裡來，而我看到她微微點了點頭。當奶油走向三公尺距離左右的我時，我一邊等待一邊問愛倫是否有什麼特別擔心的。

「他看起來很健康，但我希望趁他還健康的時候，你們就能建立起關係。他年紀越大，我就越擔心自己會忽略他在健康上是否有重要的問題。如果可以的話，希望能安排定期健康檢查。」她接著說。「因為奶油就是我的生命。」

「當然，這是我的榮幸。」我回答她。愛倫看著我仔細檢查奶油的每一吋身體，我逐條說明他的健康狀況相當良好。當我拿出針筒和試管準備抽血時，她一直專注地看著。

「你知道嗎？我經常抽血，而且每次都會盯著看。」她說。「但我沒辦法看奶油被抽血。」她稍微轉過頭避開視線。能移動一點脖子和手臂，已經是她能做到的全部動作。

「我明天會通知您檢驗的結果。」抽血完成後我說。「不過根據今天的檢查，除了耳朵裡有些耳垢和牙齒有些牙垢外，我要高興地告訴您，他是一隻健康的狗。」

「謝謝你讓我可以開心地笑，期待明天接到你的電話。最好在下午打來，那時凱西會在這裡幫忙。」她對奶油說：「奶油，麻煩幫我拿包包過來。」接著，她轉頭對我說：「該付你多少錢？」

當奶油走到旁邊的椅子，咬起她的包包提帶，嘴裡掛著包包走向我時，我對她解釋了收費明細。「可以麻煩你嗎？我的支票簿在包包裡，請你填上金額，我會簽字。」我在她的支票簿上填好金額，撕下支票後，將支票簿放回包包裡。我放下包包，把筆遞給她，並穩穩地拿著支票讓她簽字。她簽好後，奶油又將包包放回椅子上。任務完成，奶油走回愛倫身旁，再次把腳橫跨在她的腿上，一副心滿意足的樣子。

目睹這一切，我心中充滿敬畏，開玩笑地問：「他還會做飯和打掃嗎？」愛倫笑著告訴我，奶油可以回應超過一百個指令，從應門到關燈，甚至觸發緊急警報。

他有工作要做，而且是以極高的專業態度完成的。

旁觀者很難理解奶油與愛倫之間的緊密連結，因為那包含了多層次的深刻情感。溫柔的奶油是愛倫每日的伴侶、看護者、情感支柱、助手，以及目睹她病情無情進展的親密見證者。他是她的安慰，是她的靈魂。而對他來說，她也是他生命的目的。

人類經常談論擁有生命目的有多重要，並常自問：「我的『**目的**』是什麼？」科學顯示，當你知道自己的生命目的能夠服務他人，其情感益處就會被放大。奶油的崇高使命——照顧愛倫——顯然對他自身也有好處。但他不僅僅是隻工作犬，因為他工作的核心就在於愛愛倫並且被愛倫所愛。而任何與這對搭檔相處過的人都能看出，這點讓他有多快樂。

房地產經紀人蜜雪兒．克萊爾（Michelle Kleier）是我的老朋友兼客戶。即使我已經承諾一有結果就會通知她，她還是幾乎每小時打通電話過來追問她的三隻馬爾濟斯（Maltese）之一，「莉莉」的化驗結果。莉莉的尿道症狀在使用我開的抗生素後並未改善，我擔心她的問題可能比感染更嚴重。

一收到檢驗結果，我立即回撥給她。「莉莉的尿液中有大量紅血球和白血球，但沒有細菌，因此不是感染。我擔心的是有一些異常細胞，這些細胞可能是膀胱癌的徵兆。我正在安排腹部超音波檢查。」

超音波結果顯示，莉莉的膀胱壁增厚且不規則。她的問題很可能是一種名為「移行上皮細胞癌」（Transitional cell carcinoma）的膀胱癌。莉莉需要接受手術來確定診療方式並盡可能切除癌細胞，之後可能還需要進行六個月的化療。

在公園東醫院時，每當蜜雪兒的狗住院，她都會待在候診室的沙發上過夜，用她的香奈兒提包當枕頭、外套當毯子，因為她認為她的狗會因為她的陪伴而感到安心。所以，當莉莉的手術被排定時，我特地安排蜜雪兒像往常一樣，在醫院的候診室過夜。

莉莉像個小勇士一樣完成了手術，也順利地接受化療，每次我到她家為她進行靜脈注射時，她都會和她的姐妹黛西一起狂吠，表現得精神抖擻。後來，莉莉的病情果然得到控制。

然而，她的癌症故事並未就此結束。她又遭遇了兩次病變：一次是口腔內的漿細胞瘤（plasmacytoma），另一次是膀胱癌復發。在這兩次手術中，我甚至不再嘗試勸蜜雪兒回家休息。醫院的工作人員直接為她安排了臨時床鋪。同樣地，幾年後莉莉需要移除一個良性的肝臟腫塊時，他們也為蜜雪兒提供相同的便利。

這隻令人驚嘆的小馬爾濟斯犬，在短短三年間接受了四次手術。而在這一切過程中，她的精神從未低落。或許對其他狗或其他家庭而言，選擇為莉莉安樂死是正確的做法。但對這隻狗和這個家庭來說，這絕不是他們的選項。他們從未抱怨，莉莉也不曾拒絕檢查或治療。他們彼此忠誠，誰也不願意喊停。

不可避免地，「奇蹟狗」莉莉的生命最終還是走到盡頭，在十五歲高齡時發生心臟衰竭。這隻擁有九條命的狗，原本可能早能因為第一次膀胱癌或隨後的癌症及手術而過世，但在醫療介入以及她與蜜雪兒之間深厚的情感扶持，加上莉莉本身的堅毅精神下，這個家庭多了五年的相處時光。對於蜜雪兒來說，她會要求我不惜一切代價，爭取哪怕只多一天的時間。而這隻小白狗只要一聽到人們喊她的名字「**莉莉！**」還會搖動尾巴，我就願意為她全力以赴。

我親眼見過人與寵物之間的親密羈絆，幫助雙方共抗疾病的侵擾，甚至延長了彼此的生命。這些情況有時就像是上帝的干預，令人難以置信。

在認識服務犬奶油後不久，我接到來自曼哈頓北部一家動物收容所的電話。他們前一晚救了一隻成年雌性黑色巴哥犬，她當時徘徊在喬治華盛頓大橋的車流中，相當危險。由於收容所已經額滿，無法收容她，而他們知道我長期以來幫助收容所的巴哥犬解決醫療問題，並會在牠們康復後為牠們找到永遠的家，所以懇請我答應接收她。

我通常會用被救下的巴哥犬之「特殊際遇」來為牠們命名，於是我幫這隻小母狗取名為「橋橋」。很幸運地，她的健康問題滿輕微的，性情也極為溫順甜美。我無法理解她為何會被人遺棄。當她完成絕育和接種疫苗後，我轉頭看向等待領養巴哥犬的那份長名單。

我撥通艾瑞克的電話，他是一位住在紐約州北部的三十二歲男子。

艾瑞克解釋：「我在找一隻狗和我的兩個小女兒作伴。因為我太太史黛西剛做完癌症手術，情況不太樂觀。我的女兒們相當沮喪，我想寵物也許能給她們的生活帶來一些快樂。」他繼續說：「我小時候養過一隻巴哥犬，在我遇到困難時牠給了我意想不到的快樂。我希望這隻小巴哥犬也能幫助我們家。」

我知道艾瑞克是相當適合橋橋的飼主，而橋橋也正是那兩個小女孩需要的狗。於是我安排了領養手續，而他開了兩小時的車來到市區接她。當我把橋橋交給他時，很高興地看到橋橋立即蜷縮在他的懷裡。我迫不及待地想知道當她到家後，跟艾瑞克的六歲和八歲女兒會發生什麼故事。

幾天後，艾瑞克打電話來，帶來一個出乎意料的故事。

「雖然我的女兒們很喜歡橋橋，但她並沒有真正和她們建立起親密關係。因為她第一天回家，竟然就直接走到史黛西床邊，整天待在那裡。橋橋甚至試圖跳上床，但她的小短腿根本跳不上去！」

我從他的聲音中聽出他是微笑著講述這件事的。

「於是我把她抱起來放到我太太旁邊的床上，她立刻找到一個舒適的位置，也就是窩在史黛西的身邊，手臂旁邊。現在她只有吃飯和上廁所才離開史黛西。我真覺得這隻狗知道誰最需要她。」

遺憾的是，由於他們住得太遠，我無法成為他們的獸醫，但我仍然和艾瑞克保持聯繫，想知道他們的情況如何。

領養後的一個月，艾瑞克滿懷喜悅地在電話中告訴我：「她的情況變得非常好！」

「她是一隻好狗，」我說。

「不，我說的是**史黛西**！她現在比之前更能下床活動了，甚至幾個月以來第一次有辦法幫忙照顧孩子。而無論她走到哪裡，橋橋都緊緊跟在她身邊。」

到底橋橋如何知道史黛西才是最需要她的人呢？我們只能為狗的直覺能力感到驚嘆。我已經多次見過這種情況，以至於不再感到驚訝，也更加堅信這種能力的真實性。

史黛西健康狀況的改善也不讓我感到意外，因為已有大量的科學證據證明寵物能讓人更健康。只要和寵物在一起，人類的血壓就會降低，免疫力會增強，壓力會減輕，心情會改善，甚至能舒緩抑鬱。艾瑞克深信，正是因為她與小橋橋建立的深厚連結，才讓他的妻子比預期壽命多活了一整年。如果有哪隻狗能被稱為「拯救犬」的話，那就非橋橋莫屬。

就在同一時期，一位新客戶班傑明打電話給我，想為他病危的約克夏犬（Yorkie）「茉莉」安排一次「安樂死前會面」。這樣的請求很常見，因為新客戶在面對這種一生中最困難的日子時，往往希望先跟我和我的團隊見面，這樣幫助他們心愛的寵物離去的人，才不會是一群完全陌生的人。有時，從初次見面到最後真的告別時間會拖很久，而有時候我們會共同決定不應再拖延下去。我總是為這兩種情況做好準備。

為一隻我們不認識的寵物結束生命，對「城市寵物」的每個人來說，都是一種情感上的負擔。這麼多年來，我們已經多次討論這個問題，但答案始終一致：我們這樣做能讓寵物家人的情緒更加緩和，也能讓病患在家裡安息。

我的獸醫助理卡莉達跟隨我多年，每次都說：「我們應該為動物做最好的選擇。」但她幾乎每次都會哭。她靠著同時做兩份全職工作撫養小孩，一份工作在我這裡，另一份是在長島一家二十四小時獸醫院輪班工作。一位如此堅強、幹練的女性竟然如此感性，令人難以想像。

卡莉達和我一起去見班傑明。他穿著醫院的工作服，站在哈林區的兩房公寓門口迎接我們。這是一間充滿魅力的公寓：地板上鋪著五顏六色的地毯，花瓶裡插著乾燥花，書櫃上擺了幾十個相框，還有顯示女主人存在的痕跡——舒適的沙發上放著幾十個靠枕。牆上掛著班傑明和妻子的照片。一組婚禮三聯照掛在沙發上方，照片中他們在海灘上開懷大笑，在步道上健行，和家人一起度過假日晚餐等，照片裡總能看到他們的約克夏犬茉莉。這間公寓充滿了愛，但不知為何，氣氛似乎有點令人感到悲傷。

班傑明把茉莉從臥室抱到沙發上，說：「這就是茉莉，她病了很久。我大約一個月前帶她去看獸醫。獸醫做了血液檢查後，告訴我她有腎衰竭。我問獸醫說有沒有藥物可以開，他說：『沒什麼可以開的，因為我們無能為力。』我只想在她的最後日子裡，讓她感覺盡量舒適。最近這一個星期，她幾乎都不想吃東西，也不願意出門去。」

茉莉側躺著，看起來確實很糟。她可能到生命末期了。但我對之前的那位獸醫沒給班傑明其他的選擇，感到有些不滿。

「你也從事醫療行業嗎？」我看著他穿的工作服問他。

「我是藥劑師。」

很好，**這樣他對針頭和給藥應該會比較熟悉，如果可以治療的話，他應該能幫忙**。「我會先進行檢查，在我檢查的時候，你能不能聯絡那家獸醫診所，請他們立即把茉莉最後一次病歷和檢查結果用電子郵件寄過來?」

先前的檢查結果顯示茉莉的腎臟衰竭,但白血球數量也有升高,顯示她可能還有感染。

「班傑明,你的狗雖然年老病重,但從她先前的檢查結果來看,我認為還有機會讓她更舒適,而且你可以有更多和她在一起的時間。」

「可是獸醫說她快死了,」班傑明說,顯得完全困惑。「她確實病得很重,可能真的快不行了。但我從血液檢查中也看到一些如果進行治療,可能會有所改善的機會。她剩下的時間不多,但她很可能會對治療有所反應,並且能在接下來的一段時間內提高生活品質。如果她真的都沒反應,我們還是可以再回來討論安樂死的問題。不過一旦開始治療的話,就不能停下來。」

我從不告訴客戶該怎麼做,我工作的職責是提供選項,說明利弊——包括費用方面的說明,並讓他們在不受到我評判介入的情況下,做出最適合他們的決定。這些選項從積極介入治療到讓寵物安樂死都有,中間還有很多可能性。

班傑明最初去的那家獸醫院並沒給他任何其他的選項。我認為直接「假設」一個人會選擇怎麼做、願意為寵物付出多大的努力以及能夠承擔的費用,是完全錯誤的想法。我唯一的原則是決策必須以寵物的最大利益為依歸。班傑明應該瞭解所有可能的選擇,而那位獸醫卻提前假設了他的選擇,剝奪他瞭解其他選擇的機會。

「我想重新做一次血液和尿液檢查,看看她的病情進展到底如何,」我說。「然後我會跟你討論我認為能幫助她的治療方法。」

他點頭同意。「如果沒有效果的話，你會答應回來再幫她安樂死嗎？如果沒辦法緩解她的痛苦，我不想讓她受到更多折磨。」

我答應班傑明，然後蹲下來為茉莉抽血。儘管班傑明有醫事背景，但當我將針頭插入茉莉的頸靜脈、抽取三毫升顏色如波爾多酒的血液時，他還是轉過了頭。接著，卡莉達很小心地把茉莉的背部翻過來，讓茉莉躺著並將她固定，這樣在我把針頭插入茉莉的膀胱時，可以幫我保持茉莉穩定。而當我將針筒抽出的混濁黃色尿液注入試管中時，我注意到尿液散發出一股異常難聞的氣味。因此我確定茉莉有感染，這肯定會加重她的腎臟疾病。

我向班傑明解釋，由於茉莉嚴重脫水，我會用皮下注射液進行治療，因為脫水會加重腎臟疾病。

由於當天氣溫較低，輸液包放在車子的行李箱中，所以我們必須先把液體加熱至狗的身體溫度後再進行注射。狗的體溫大約是攝氏三十七・八度，如果注射十六度的液體，對她的身體會造成很大的衝擊。於是卡莉達進了廚房，用鍋子準備好溫水來加熱這些液體。

在等待加溫的過程中，我試著聊些輕鬆話題。我注意到沙發旁有個美麗的瓷碗，裡面裝著許多顏色鮮豔的毛線和編織針。「這是誰織的毛線？」我問。「我也很喜歡編織。」

「我老婆織的，」他說，「這是她去世之前還能做的少數幾件事。」

「**她去世了**?!」**天啊，為什麼我總是這樣**？我應該讓客戶感到舒適，而不是提起這麼私人的悲劇。然而，他似乎願意談論這件事。

「茉莉是她的狗，」班傑明說。「她們在我認識她之前就是一對了。我們沒有孩子，茉莉就像我們的孩子一樣。茉莉和我在生病期間一直陪著她，在我妻子過世的時候，茉莉也在床上陪著她。」

不要哭，艾咪，別哭。

我意識到這隻狗不僅是一隻家犬，還是這位溫柔男子與已故妻子之間過去美好生活的連結。我決心讓這隻狗更健康並且盡可能活得更久，我知道這樣是透過治療茉莉來幫助班傑明。

輸液包終於達到適當溫度，該開始治療茉莉了。

「班傑明，我覺得你最好學一下。如果茉莉要繼續治療，你每天都需要做這件事。」我向他解釋，但班傑明看起來很害怕。「這並不難，茉莉也不會覺得痛。而且注射這些藥物可以讓她變得更健康。」班傑明的表情變了，他點頭同意。

我開始為茉莉注射液體。透過靜脈注射，打入長效抗生素、止吐藥和抗酸藥。

我留下刺激食欲的藥物，並告訴班傑明去買人的嬰兒食品，因為這些食物既可口又容易消化。我還給了班傑明不帶針頭的注射器，指導他如何藉由把少量食物推進茉莉的嘴裡，來鼓勵她進食。她很可能會在品嘗了美味的嬰兒食品後，更願意吃點東西。

隔天早上，我打電話給班傑明告訴他血液檢查的結果，並關心茉莉的情況。他興奮地在電話中說：「我不確定是不是我的想像，但茉莉的情況好像好一點了。」

「這真是最好的消息，我不覺得是你的想像，是注射的液體和抗生素正在發揮作用。血液檢查結果顯示她的腎臟狀況惡化，脫水嚴重，還可能有感染。所以她昨天接受的治療，正好可以幫助她。」

「我真的不知道要怎麼幫她注射這些東西。」

「別擔心。連老太太都能學會如何注射這些液體，」我微笑著說：「你一定也能辦到。」

卡莉達在當天稍晚，帶了電解質液體和針頭過去，並在班傑明於茉莉脖子後面皮膚下注射液體時提供了指導。經過卡莉達幾天的耐心指導後，他終於掌握了這項技能。茉莉的尿液培養結果終於證實，她得了對年長寵物來說很麻煩的尿道感染，這相當於老年人罹患了一種破壞性很強的麻煩病症。在實驗室的培養檢測上，確認了我先前使用的抗生素是正確的，因此我們在治療上等於提前了四天。

班傑明和我每天早上都通電話，每次他都說：「我們好點了。茉莉在吃嬰兒食品，甚至想去外面走一走。」

我注意到他說的是「**我們**好點了」，而不是「**她**好點了」。

他描述說茉莉變得更有活力，甚至偶爾會玩耍一下。大約一週後，他興奮地報告說：「她自己在吃狗食，今天早上還想去散步！」過了大約一個月，班傑明不再那麼頻繁地打電話給我，我知道茉莉的狀況已經好轉，因為我看到準備送到他家的包裹裡，裝了下一個月的液體補給品。

大約六個多月的期間裡，班傑明持續為茉莉進行治療。茉莉在那段時間的生活品質很好，班傑明也和她度過了高品質的相伴時光。每天的注射幫茉莉延長了生命，而且對她（和班傑明）的干擾並不大。在這段日子裡，班傑明和茉莉常常擁抱和交談，共度了另一個一百八十天，他們無疑是在分享對家庭三人組中的那一位，也就是他們都深愛並且非常懷念的人的種種回憶。

在讓茉莉安樂死的那天，班傑明、卡莉達和我都哭了。我知道班傑明在失去茉莉的同時，也是在和他的妻子道別。

當我們失去所愛的人時，總會遺憾地覺得自己應該還可以做更多事、說更多話。班傑明確實做了更多，他和茉莉度過了另外六個月，彌補了那些遺憾。他做了和說了所有需要做和說的事，同時給了茉莉最好的照顧。而最後，他也有機會開始哀悼，或許能在失去年輕妻子的痛苦中得到一點療癒。

在這些親密關係中——例如愛倫和奶油、蜜雪兒和莉莉、史黛西和橋橋、班傑明和茉莉等——扮演配角的我，有幸近距離看到人和寵物之間那種奇妙的、特殊的、令人驚嘆的親密聯繫，這種聯繫真的與眾不同。

也許我和狗之間最深的聯繫，始於我讀獸醫系的時候。前兩年我幾乎每天八小時黏在教室的課桌前，然後接著漫長的夜讀學習。大三和大四的課業稍微輕鬆一點，因為課堂學習和輪訓實習交替進行，但每一天依然很長。

我和我的貓米斯凱特（前面說過）住在費城市中心一棟高樓的一房小公寓裡。我曾想過要收養我們在大三手術輪訓期間絕育（母）或去勢（公）的狗，但我知道無論我多想要一隻狗，我都沒辦法再多養一隻寵物。

在大三的一個秋天早晨，天氣清爽，而我上學快要遲到，我匆忙地跑向獸醫教學醫院的腫瘤科。在進入醫院之前，我先停下來在院子裡喘口氣。這個院子不過是一小片草地，大概有幾百隻動物曾在這裡排泄過，中央還有一棵孤零零而瘦弱的樹。圍著這棵樹的是忙碌的圓形車道，車輛、人群和動物不斷地進出醫院。就在我要走進去時，我看見有隻小巴哥犬被拴在樹上，孤零零地顫抖著。我走過去撫摸牠，看到樹上釘著一張便條紙，拼字凌亂地寫著：「**我的名字叫老頭。我是盲的。**請照顧窩。」

「天啊，」我彎下身撫摸他的頭。他的態度在我的觸碰下立刻改變，原本垂下的尾巴猛然彎成完美的巴哥犬捲尾巴。雖然他的棕色大眼睛已經看不見了，但卻傳達出明確的訊息：**請不要把我留在這裡**。

我不需要更多說服了。「老頭，跟我來吧。」

花了幾分鐘解開繩子後，我把他帶進醫院，並找到我的臨床醫學教授為他做檢查。

「雖然他完全失明，但身體似乎很健康，」她告訴我。「我猜他大約兩歲，根本不是個老頭。」接著，她把他需要的疫苗交給我，讓我自己幫狗注射。「對了，他還沒結紮，所以你得自己處理這件事。」

我自己處理？

錯過第一堂課的我現在有了半小時的空檔，於是我把這隻「老頭」帶到我的眼科教授阿吉雷醫師（Dr. Gustavo Aguirre）那裡，問他可不可以幫忙檢查看看。幸運的是，他欣然同意了。在檢查眼睛時，他說：「我太常看到這種情況，艾咪，這隻狗可能來自一個小型繁殖場，也就是說他是工廠化養殖出來的小狗。他們不會花錢為狗提供醫療照顧，結果就是讓這些小狗得到各種只要打疫苗就可以預防的感染。」他推測「老頭」年幼時可能得過犬瘟熱。犬瘟熱會引起中樞神經系統疾病，而且經常致命。如果一隻小狗能挺過犬瘟熱，常見的後遺症往往就是失明。

「真可惜，他是一隻可愛的狗，」他說。「不幸的是，目前的醫學對他的視力無能為力。」

我該拿他怎麼辦？至少我知道短期內可以怎麼做。我把老頭帶到放射科，這邊總是有空籠子供等待照X光的病患使用。

我悄悄地對很友善的檢驗員珍妮說：「這隻巴哥犬不完全是醫院的病患，但在我知道該怎麼處理他之前，能不能先讓他待在X光室的籠子裡？」

她同意了。「我會每小時移動一次籠子，這樣我的主管就不會發現裡面有個免費寄宿的。」

我火速趕去上第二節課，心裡想着**我得找一家動物收容所，看有沒有機會幫他找個認養家庭**。

但如果沒人認養他呢？**他會被安樂死嗎**？

我應該留下他嗎？

我能留下他嗎？

當然，我不該也不能。我的時間非常有限，幾乎連自己都無法照顧好，更別說一隻失明的狗。而且我還住在一棟不允許養狗的公寓裡，米斯凱特也一定會討厭他。完全行不通。

然而，在我跟他相處的短短時間裡，老頭深深打動了我。也許是因為我對童年時養的巴哥犬公爵夫人的懷舊情感，但更多的應該是這隻被遺棄而感到害怕的盲狗，在我們為他抽血、注射各種疫苗時，一直表現得很有風度。而且每當我觸碰他，他的尾巴便會像奶酪丹麥捲一樣彈起來，這是只有巴哥犬才能做到的事。因此我下定決心，要讓他變得更健康，並把他送到對的收養家庭，因為**我不能留下他**。

我知道我應該把老頭留在X光室的籠子裡過夜，但我還是把他帶回家了。我只想讓他吃頓家常飯，睡個好覺。當我走進大樓、試圖偷偷帶他穿過門衛阿曼多面前時，他立刻問我：「艾咪，那是一隻狗嗎？」

我脫口而出：「他只是短暫造訪一下，」接著便匆忙走進打開的電梯裡。

「是……嗎？」他微微抬起眉毛，露出笑容，彷彿猜到這可能是很長的一次造訪。

當我和老頭到達十六樓並走出電梯時，我解開他項圈上的牽繩。他只跟著我的氣味，就能一起走向我的公寓小套房，站在門口耐心地等我開門。門一打開，他便自信地走進去，開始在屋裡繞著每一吋地方撞來撞去。

「小心！」我大喊，但為時已晚，他已經撞上我的咖啡桌。他開始走得慢一些，小心地「碰碰」每件家具。最後，他找到開著的浴室門，滑過了瓷磚地板，然後向後轉過身，又一路輕輕地「碰」回入口的地方，也就是我一臉驚訝地站立的門口處，坐在我的腳邊，抬頭盯著我「看」了很長一段時間。我心裡的愛意瞬間膨脹了四倍，我知道我已經愛上了這隻狗。

老頭似乎也感受到這股愛的洪流。他站起來，搖了搖尾巴，抬起後腿，直接在門口撒尿——他是在大聲表態「**我到家了！**」

這一幕讓我瞬間回到現實。「別太放鬆，」我有點嚴肅地說。「你不能留在這裡！」

米斯凱特此刻正躲在沙發下，當陌生的狗進來時，她立刻躲了起來。她也有投票權，所以開票結果是兩張反對票，一張同意票。「我保證會幫你找到一個永遠的家，我的小碰碰，你值得擁有。」

碰碰？我笑了。「現在我知道你該叫什麼名字了。」

接下來一整個晚上，碰碰一直待在我的身邊。當然這點並不困難，因為我的公寓很小。不過他真的很神奇，無論我在哪裡他都知道。他那塊被擠進去的鼻子，雖然可能比其他狗的鼻子小，卻極有效率。經過幾個小時的相處後，我知道他應該有在人群中識別出我的能力。

接近睡覺時間時，我在廚房為他準備了一個有舒適枕頭和毯子的小窩。公寓沒有廚房門，所以我用椅子和書堆做了一堵小牆，把他圈在裡面，因為他顯然還沒學會定點大小便。

那晚我睡得並不安穩。我輾轉反側，擔心著我的新責任。後來終於睡著了，卻有東西在凌晨二點把我吵醒了，那是一雙美麗的、看不見的巴哥犬眼睛，充滿愛意地盯著我。不知怎的，碰碰竟然成功突破廚房屏障，找到床跳上來，並把自己安置在我身旁的枕頭上。

我們躺在一起，額頭對著額頭時，他伸出他那隻小小的粉紅色舌頭舔舔我的鼻子。在他舔我的時候，我輕聲說：「我該拿你怎麼辦呀？」

當我們兩個早上醒來時，我們的命運已經注定了。雖然我還不知道該怎麼做，但我知道我一定會想辦法做到的。

我住的大樓不能養狗，學校也不允許學生帶寵物上課，而且我根本就沒有時間照顧一隻狗。而碰碰作為一隻盲狗，需要更多的關注。再者，米斯凱特已經表示不喜歡他了。

碰碰是不是老天爺送給我的呢？他需要我，而我立刻就知道我也需要他。

早餐時，米斯凱特稍微變得友好一點，並且向碰碰自我介紹了。我滿心希望地想著：「**你倆會成為最好的朋友**。」

在碰碰來的幾小時內，他已經在腦海中把整個公寓的佈局都記住了。不再撞到家具，清楚知道每個物品的擺放位置。**這隻狗一定擁有「原力」**！

早上，我們一起走到醫院，開始我每天的臨床實習。我觀察到碰碰會以他獨特的方式感知周圍的環境。他嗅著空氣，似乎在數步伐，記住我們走的路徑。到達醫院後，我把他帶到放射科，當我和珍妮談話時，碰碰就開始了他那種獨特的「碰碰看調查」作業。

「他把房間佈局記住了。」我解釋道，「這隻狗真是天才！」

「我知道。」

「他可以待在這裡等你實習完。」她提議。

我對她感激不盡。於是每天我們就這樣藏著碰碰，直到一週後，她說：「聽好，如果你還不確定是否要留下他，**我可以收養他**。」

「**他是我的**！」我強調，但實際情況更像是「我是他的」。

從那天起，碰碰和我形影不離，他還成了班上的吉祥物。無論去哪裡，我們都會一起去，甚至包括在賓州鄉下四週的宿舍生活。這是獸醫學生進行大動物訓練的地方，帶寵物是違規的，但我們的運氣很好。

當我畢業後搬到曼哈頓，碰碰每天都跟我一起去AMC工作。而當我在公園東動物醫院工作時，他也很快就記住了從我住的第二大道公寓到醫院的路程。例如過馬路時，他總是在正確時刻準確地跨下又踩上人行道，完全不需要我給予任何提示。我的唯一角色就是在他面前有障礙物時說聲「小心！」，這時碰碰就會立刻停下來，等待我的下一個指令。看著他的行為，你一定會認為他擁有正常的視力。

人們都非常喜愛碰碰，因為他是隻友善的、活潑的、快樂的、迷人的，像天使般的狗。而且大多數人都不知道他其實看不見。

5 動物把人們聚集在一起
Animals Bring People Together

我的愛情故事是從一隻狗開始的。

一九八七年，從賓夕法尼亞大學獸醫學院畢業後（在公園東工作以及創立自己的診所之前），我在曼哈頓東區的動物醫療中心（ＡＭＣ）當實習生。ＡＭＣ是紐約市的頂尖動物醫院，也是全美最大的教學醫院。它的運作方式看起來就像人的醫院：一棟八層樓的建築，擁有超過七十五位獸醫，還有技術人員、護士、行政人員和犬舍人員。它擁有不同的醫療科別，例如內科、外科、放射科、腫瘤科、皮膚科、牙科和眼科。這裡還治療異國動物：除了貓狗之外，還有兔子、天竺鼠、大小老鼠、蛇、鸚鵡……任何你想得到的動物都有。你永遠不知道在候診室裡會遇到什麼動物或是什麼怪病。

在那年的許多值班中，我都是無預約的「臨時接診」獸醫，負責處理當日就診的病患，依照先到先服務的順序替病患進行診療。每當處理完一個病例，我就會走到中央登記區，拿起下一個臨時病歷，然後走進候診室，大喊飼主的名字，而且總是先喊姓後喊名。

一九八八年二月的某一天，我拿到一份病歷，是關於一隻無法正常走路的狗，於是我走進候診室叫道：「**夏皮洛，史蒂夫**」（Shapiro, Steve）。

「是我。」一位約三十歲的英俊男士回應，他有著棕色頭髮和藍眼睛。我很快就從他的外貌上獲得很多訊息。這位男士穿著一件羊絨運動外套、深色牛仔褲和很不錯的鞋子，看得出來他對外表很講究，而且生活過得還不錯。

沒有結婚戒指！

我帶著他和他的威瑪犬（Weimaraner）小狗進入檢查室，快速翻閱病歷資料，裡面有史蒂夫填的手寫資料。在職業一欄，他填的是「房地產」。

我問他說：「房地產？是經紀人嗎？知道這附近有什麼好公寓嗎？」

他回答：「我是房地產律師。」

太棒了。而且從名字看來，我有信心他跟我一樣是猶太人。「夏皮洛，史蒂夫」是那種我覺得有吸引力的男人典型。**好了，艾咪，回到工作上吧**。

「那麼，瓦克莉怎麼了？」我一邊撫摸著小狗絲綢般的耳朵，一邊問他。

瓦克莉是一隻漂亮的、六個月大的銀灰色母威瑪犬。他說：「今天下班回家的時候，我發現她走路有點跛。」

在我們交談的同時，我檢查了瓦克莉。她有些關節疼痛腫脹，而且還有發燒。當時我才當獸醫八個月，還有很多東西要學。但我知道這種情況並不尋常，我需要一位骨科醫師來評估並指導我如何選擇適當的診斷檢測。

我問他說：「我可以把瓦克莉帶到後面做個簡單的會診嗎？我會馬上把她帶回來。」

AMC的首席骨科醫師柴契爾曾在軍中服役，既聰明又精準，對我們這些實習生來說，他的高標準相當可怕。然而對待病患和客戶時，他的態度完全不同。他檢查了小狗後，便與我和瓦克莉一同回到檢查室，用最大的同情心向史蒂夫解釋瓦克莉的跛行並非來自受傷。他懷疑是一種發炎性疾病——剝脫性骨軟骨炎（osteochondritis dissecans），這在生長中的大型犬種幼犬經常發生，是一種非常麻煩的關節問題。

當我們為瓦克莉抽血並進行X光檢查時，她表現得非常配合。「等實驗結果出來後會瞭解的更清楚，」柴契爾醫師說，「一旦有結果，艾咪醫師會打電話通知你。」

史蒂夫在隔天早上就帶著瓦克莉回來，因為她的跛行在一夜之間變得更嚴重了。那時，血液檢測結果也出來了，確認她有嚴重的發炎症狀。於是骨科團隊接管了這個病例，並讓瓦克莉住院進行支持療法和進一步的檢查。以後我就只能在一旁參與了。對我來說，和我呼喚著的這位「夏皮洛，史蒂夫」的接觸機會，將變得相當渺茫。

「我下班後能過來看她嗎？」他問。

「當然可以，」我回答。「隨時都可以，如果你有任何問題，都可以打電話給我。」

接下來的兩個晚上，史蒂夫都來醫院陪瓦克莉。這些探視並不讓人感到愉快，因為雖然有藥物治療，但她仍然會感到疼痛。

即使我沒有太多時間，但我還是陪他坐著，讓他有人作伴，也跟他聊些無關緊要的事情。我希望聊天可以幫他把注意力從生病的小狗身上移開。史蒂夫告訴我，除了他的童年愛犬（也是一隻威瑪犬）外，瓦克莉是他擁有過的第一隻狗。他小時候養的狗叫做「彗星」，但可惜的是，在他五歲時，他的家人因故不得不把彗星送走。

第二天晚上，我穿著前面有一大片深紫色汙漬的白色醫師袍走進探訪室，這是因為技術人員剛剛不小心把一瓶實驗室染料灑在我身上，我還沒來得及換件乾淨的醫師袍穿上。

「哇，艾咪醫師，今天您的醫師袍真是色彩鮮艷啊，」史蒂夫說。

「你知道嗎，我已經受夠穿醫師袍了，不過今天我很慶幸有穿著它，」我回答。

「我想看妳不穿醫師袍的樣子，嗯，我是說……在醫院外見面，例如一起吃晚餐之類的。」

「也許吧，」我嘗試著故作矜持，雖然我的內心在大喊著「好！」

「我要怎樣才能把這個『也許』，變成肯定的答覆？」

「不然打電話給我吧！」

因為還有病人等著，我不能留下來。我才離開探訪室兩步，醫院的廣播系統就響了起來：「艾咪醫師請接電話。」當我接起電話時，總機告訴我有個醫院內部的來電，打電話的人是我不認識的名字——史蒂夫．夏皮洛先生。

我笑了，他竟然從醫院裡打內線電話給我。

我拿起最近的牆上電話，按了接通鈕。「你忘記說什麼嗎？」我問他。

「正如你所建議的，我打電話來問問今晚能否和你一起共進晚餐？」

我微笑著，很高興他遵循了我的指示。「不行，」我說：「今晚我得工作到午夜。」

「那明天怎麼樣？」

「明天也不行。」聽到他的嘆氣聲，我補充說，「我不是在敷衍你。等下星期我工作沒那麼忙時，再打電話來吧。」

第二天早上六點我就來上班了，照例查看醫院的更新清單——我們稱為「公告板」，看看我離開醫院的期間發生了什麼事。結果，瓦克莉在半夜過世了。

我的心沉了下來，可憐的史蒂夫。任何一隻六個月大的小寵物過世，都是一場悲劇。但這完全是意料之外，我從他告訴我的情況得知，這個損失對他來說特別痛苦，是一種令人難以想像的巨大傷痛。

我等到正常一點的時間立刻打電話給他，說：「瓦克莉的事讓我感到難過，我只想向你表達最誠摯的哀悼。」

「謝謝。很遺憾我們沒有更多機會瞭解彼此，」他說。「現在對我來說並不是合適的時候，老實說我真的太難過了。」

這是我最後一次聽到「夏皮洛，史蒂夫」先生的消息。

四個月後，我的排班時間變得更緊湊。現在我的班次是從午夜開始，一直到隔天中午。這樣的工作時間讓我本來就已荒蕪的社交生活，幾乎完全不存在了。在某個漫長的夜班，我的思緒回到了二月，回到那位可愛的律師和他不幸去世的小狗。我打破了母親關於戀愛的規矩，也違反了ＨＩＰＡＡ規則（《美國健康保險流通與責任法案》所提到的保障病患隱私），前提是如果那也適用於幫動物保密的話——我決定打電話給夏皮洛先生，邀他共進晚餐。

「艾咪！很高興能接到你的電話！」我們聊了一會兒，還沒等我開口詢問，他就說：「讓我們去吃那頓早該去吃的晚餐吧。」

我們在晚餐中的對話，就如同我們喝的紅酒那般順暢絲滑——我們聊了電影、藝術、音樂和彼此的背景。我告訴他，我受到吉米・哈利的啟發，決心成為獸醫。史蒂夫則告訴我他收養瓦克莉的故事。

他說：「我跟你說過我小時候養過一隻威瑪犬，叫做彗星。我很愛那隻狗。因為當你是獨生子時，你和你的狗就是最好的朋友。他大隻到我可以像騎馬一樣騎著他。我們一起睡覺，形影不離。然而我們卻不得不把他送走。」

「真是太遺憾了！」我說，「為什麼你們要這麼做？」

他猶豫了一下。「我五歲的時候，媽媽因為癌症去世了。」我一定是露出了震驚的表情。「沒關係啦，那是很久以前的事。老實說，我幾乎不記得她生病的情況。我記得的是我們從西徹斯特郡搬到曼哈頓的那一天，這樣我爸爸就不必每天花太久的時間通勤，能多點時間陪我。而那一天，也是我跟彗星告別的日子，因為新公寓不能養寵物。」

他同時失去了母親和最好的朋友彗星，我好想伸手越過桌子去抱住他。

史蒂夫繼續說：「我一直告訴自己，等我從法學院畢業，找到工作，搬進自己的公寓——你知道的，也就是我真正獨立的時候——我就會再養一隻狗，而且還要再養威瑪犬。我每年都會去西敏寺狗展看威瑪犬，年復一年，我都坐在賽場邊。每年都是星期一早上八點，每年都是同樣那位繁殖者獲勝。去年，我終於鼓起勇氣走近那位繁殖者，然後就得到了瓦克莉。」

這時我才明白史蒂夫悲傷的真實程度。他不光是為自己的小狗哀悼，還在為自己的童年、自己的母親，以及他未來與狗相伴的想法感到悲傷。我知道那個未來依然是可能的，他一定會找到另一隻寵愛的狗，我對此深信不疑。我告訴他：「當對的伴侶出現在你的生命中時，你一定會知道的。」

我們的服務生是餐廳最後一位離開的員工，他在凌晨一點時非常有耐心地把我們請出餐廳。史蒂夫一路陪著我走，從劇院區一直走到我東區的公寓。到我家門前時，他說：「今晚我度過了一段非常美好的時光。」

「我也是。」

他傾身向前，吻了我的額頭，然後就離開了。

我的朋友們還在動物醫院輪夜班，所以就算是凌晨兩點，我依舊有很多人可以打電話，他們都為我今晚的約會感到開心。「真是太棒了，可是男人吻你的額頭道晚安，到底是什麼意思呢？」我問我的同事布雷特。

他回答：「艾咪，不妙。這可不是好兆頭。」

「你覺得他什麼時候會打電話來，跟我約第二次約會？」

「額頭上的一個吻？如果他一個星期沒打電話來，就忘了他吧。」

一個星期過去了，他沒有打來。我忍不住又打了電話給史蒂夫。他立刻約我下星期哪天有空的話就一起吃晚餐。這次我們去了西七十街最有名的巴黎風味餐廳 Cafe Luxembourg，共享了白巧克力和黑巧克力慕斯做的甜點，真是浪漫至極。再一次，服務生又在凌晨一點把我們請出餐廳。跟上次不同的是，這次他吻了我，一個真正的晚安吻——吻在嘴唇上。我又在半夜打電話給布雷特，告訴他說：「一個很不錯的吻。溫暖、貼心的吻。」

我可以能想像他翻白眼的樣子，他回答我：「『溫暖的吻』？好像我奶奶給的吻。」

史蒂夫和我繼續這樣過了一段時間。每次都是我打電話給他，一起度過一個愉快的約會夜晚，而且都是在平日晚上。然後，他會在我的家門口「親吻」我道別。我咬著指甲等待他打電話給我……但最後總是我忍不住打給他。即使我離開 AMC，開始到公園東動物醫院工作後，仍然維持這種模式。

最後，他終於開始先打電話給我了，我們會去餐廳、劇院和音樂會；在此期間，我一直希望這段關係能進一步發展。我們的關係逐漸加深，親吻也更多了，但他明確地表示我們並不是「獨占」（exclusive）關係。

但我希望我們能發展成獨占關係。有天我覺得必須說清楚了。我說：「聽著，我不想成為你的其中一位。如果你認為我們之間有特別的關係，就該給自己一個機會看看這段關係會怎麼發展，否則這樣下去有什麼意義？」

他點點頭說：「好，我們試試看。」

我對試試看的理解是「我們將嘗試成為獨占的關係」。下一次約會——那天是星期四——史蒂夫和我去了位於西四十二街的約瑟芬之家（Chez Josephine）餐廳，這家餐廳以舞者約瑟芬．貝克（Josephine Baker）命名。在看完一部由偉大劇作家，即捷克共和國第一任總統哈維爾（Václav Havel）的外百老匯戲劇演出後，我們在此享受了一頓稍晚的晚餐。餐廳的氛圍非常性感，紅色長沙發和水晶吊燈，就像一九二〇年代巴黎的地下酒吧。我以為選擇在這裡用餐，意味著我們的關係已經進入了正式的男女朋友階段。

上完主菜後，還沒上甜點前，史蒂夫提到：「下週我要去聖巴特島（St. Bart，法國海外領地，名人富豪的度假勝地）出差，這段期間沒辦法見妳。」出差？誰會去聖巴特島出差？我的胃一沉，直接問他：「你是跟別的女人一起去吧？」

「不是。」

「胡扯！」

他深吸了一口氣，說：「好吧，是的。」

這下子獨占關係要破裂了。「首先，我不明白。我以為我們要嘗試好好發展這段關係。」

「我一直都很誠實地告訴你，我還沒準備好開始一段認真的關係。等我準備好了，我知道一定就是和你在一起。但現在我真的還沒準備好。」

眼淚從我的眼眶流下。史蒂夫繼續說話，但我聽不進去。他在告訴我他認為我想聽的話，但我無法相信他。畢竟，他剛剛才對我撒了謊。

「如果你真的在乎我，即使只是朋友的那種在乎，就把我的電話號碼刪掉，永遠不要再打給我。」我說完就穿上外套，直接走了出去。女服務生陪著我走出來，給了我一個大大的擁抱安慰我，幫我攔了計程車。回到家裡，我倒在床上大聲哭泣。第二天早上起床，我身上還穿著冬季外套，碰碰和米斯凱特分別躺在我的兩旁。

跟史蒂夫分手後，我在一個晚宴上遇見一位名叫拉瑞的華爾街銀行家。我們開始約會，關係發展得非常迅速。才在一起幾個月，我們就見過了對方的朋友和父母，我滿心以為這段關係應該會有未來。不過我們面臨了一個大問題：拉瑞和我的寵物不合。每次他在我家過夜，碰碰都會在他床邊或他的衣服上撒尿，米斯凱特則會在他靠近時噴氣。這些都是不好的徵兆，非常不好。但我希望這只是尷尬的初期階段，碰碰和米斯凱特終究會適應的。

拉瑞為了幫我過生日，計畫帶我去位於上東區的高雅法式餐廳 Daniel 用餐。因為我們住在城市的兩端，所以我們決定最方便的方式就是直接約在餐廳見面。我穿上一條基本款的小黑裙，並確保我的髮型和妝容完美無瑕。

就在我準備離開公寓時，喬治從公園東打電話來說：「艾咪，有緊急狀況。」病患碧玉是一隻五歲的橙色公貓，牠無法排尿。雄貓有時會在膀胱中形成尿酸結晶或結石，當尿液從膀胱通過尿道時，最微小的一粒沙都可能堵住牠們非常狹窄的尿道。而膀胱如果過度飽漲，毒素便會在血液中堆積。二十四小時未排尿的後果非常嚴重；貓的膀胱可能破裂，就算沒有破裂，失去平衡的電解質也可能引發心臟病。除了這些可能致命的事件，貓咪也一定會感到極度疼痛。

「我馬上過來。」

我在離開前聯繫拉瑞。「晚餐必須推遲一小時，醫院有緊急狀況。」

他說：「沒問題。我會改預約時間，我們在你的醫院見面會比較快，可以一起走去餐廳。」

不到十五分鐘，我就出現在公園東的急診室，碧玉就在我面前的桌上，剛打完強效鎮靜劑。理想的情況下，我應該能在牠尿道的最尖端摸到一顆小石子，並輕鬆地將它慢慢按出來。不過這次沒那麼幸運，我不得不把一根柔軟而像頭髮那麼細的導管，插入牠陰莖末端的微小開口中，輕輕地推進去。接著，我在導管末端接上注射器，慢慢沖入生理鹽水，試圖鬆動石子沖出來。這是一項非常精細的工作，我必須很小心，不能對已經超過容量的膀胱施加更多壓力。

剛開始，我覺得導管沒有任何動靜。但突然間，碧玉的尿道被疏通了，於是我慢慢地拉回導管。就在導管被拔出時，由於膀胱過度漲滿的壓力，碧玉的尿液像消防水管一樣射了出來，尿液灑得我滿頭滿臉，不僅滲透我的醫師袍，還滲入我裡面穿的黑色雪紋裙。這些尿液在貓咪膀胱中已經積存了一天多，味道聞起來可一點都不像我出門前在身上噴的香奈兒五號香水。

很明顯地，我無法這樣直接去餐廳。我必須回家把衣服脫掉，將這些髒衣物放進塑膠垃圾袋裡，送去乾洗店，然後沖個滾燙的熱水澡，接著再把頭髮洗上三遍。

我走到候診室去找拉瑞，他正舒服地坐在沙發上。他一聞到氣味看到我時，立刻往後退了一步，問說：「發生了什麼事？」

「我在路上再告訴你。」我說。「我真的得回家先洗個澡，今晚我們沒辦法出去了。」

從診所到我家只有幾個街區。我一邊解釋碧玉的情況一邊走著，當我們在公園大道的中央人行道停下來等紅燈時，我正好講到尿道突然疏通的部分，這時拉瑞打斷了我。

「你知道嗎，艾咪？我不能繼續這樣下去。」

「你說得對，沒必要讓你聽這些，真的很噁心。」我點頭同意。

「不是，我是說我們。我實在沒辦法承受這些事。」他指了指我那頭亂糟糟的頭髮和髒臭的裙子。還沒等我反應過來，拉瑞就叫了一輛計程車跳上去，飛快地離開了。他就這樣消失了。

碧玉最後完全康復，但我的這段愛情就此結束。我再也沒機會收到那輛放在拉瑞公寓裡兩個星期、已經包裝好的寶獅（Peugeot）自行車，因為我在夜晚的公園大道中央人行道上被甩了。我早該知道這段感情不會長久。碰碰從來不喜歡他，米斯凱特也不喜歡他，我的寵物們就是最佳的人格判斷者。

在這之後很長的一段時間，我只專心於工作，除了工作什麼都不想管。七月初，我去了現在已經關門的亨利・班德爾（Henri Bendel）百貨公司為朋友買生日禮物。我本來可以去布魯明黛（Bloomingdale's）百貨或梅西（Macy's）百貨，但我偏偏選擇了班德爾。這家店正好位於史蒂夫・夏皮洛先生的公寓大樓對面。我買完禮物正準備回醫院時，我的腳彷彿有了自己的想法，走進了他的公寓大廳。自從我們在約瑟芬之家餐廳分手後已過了好幾個月。我想，**如果能看到他也不錯**。

然而，我又重新找回了骨氣，衝出大廳，希望沒被人看到。**我到底在想什麼**？

回到公園東醫院不到十五分鐘，接待員伊芳就打內線電話過來，說：「艾咪醫師，有一位史蒂夫．夏皮洛先生打電話要找你。」

我認輸了，接起電話：「你看到我了？」

「看到你？你在說什麼？」

「你沒看到我？」

「你把我搞糊塗了。」他說：「我現在在緬因州，我已經買了寫著妳名字的機票，希望妳能在獨立紀念日的週末飛來過節。」

他在失聯幾個月後，竟然邀我一起共度週末？**不能先喝杯咖啡嗎**？**但這是不是命運的安排：我才剛去了他的公寓大樓，他就打電話給我**？

「我這個週末要和朋友一起去火島（Fire Island）*。」我回答道。

他說：「如果你改變主意，我可以把機票送到妳的辦公室。」

我問了一些朋友應該怎麼辦，他們普遍的看法都是：如果我去緬因州，那我就等於給了那傢伙一張「免費出獄卡」（get out of jail free card）**，真的這樣做就太傻了。

我還是去了緬因州。週末的前兩天過得非常愉快，我們騎了很久的自行車，然後徒步走到一個歷史悠久的燈塔，還吃了龍蝦捲和藍莓冰淇淋。我感覺自己又一次地為史蒂夫．夏皮洛動心了。然而在第三天，我們聊到了聖巴特島。可能是我提起的吧，我又為那件事生氣了。情況變得很尷尬，結果我再也不想待到長週末的最後一天。於是我收拾行李，叫車去了機場。

回到城市裡打開行李箱時，我才意識到我把化妝包忘在緬因州的浴室水槽下面。該死！在我年薪只有四萬美元的情況下，我根本無力重新買回那些我多年來累積的物品。我發誓過再也不會打電話給史蒂夫了，但我需要拿回我的東西。

於是我撥通了緬因州的度假屋電話，當他接聽時，我冷冷地說：「我把化妝包忘在浴室水槽下了。你能幫我帶回來嗎？就交給門衛，我自己過去拿。」

他竟然回應說：「我會把你的化妝包還給你，但前提是你必須跟我一起去看歌劇。還要在開場前和我共進晚餐。」

這簡直是情感勒索，但我同意了這個計畫。雖然我非常生氣，覺得自己像個傻瓜，但我還是愛他。我一直想到他當時得知狗比他所想像的病得還嚴重的表情，那麼沮喪，那麼全心全意地愛著他的狗。如果他願意，或許他也可以用同樣的方式愛我。

但這是……最後一次機會了。

我們去了藝術家咖啡館（Café des Artistes），這可能是紐約市最浪漫的餐廳，就位在大都會歌劇院附近，牆上掛著富麗堂皇的裸體壁畫，角落裡有昏暗的燈光供人親密

* 譯注：紐約長島外側的一個島。

** 譯注：大富翁遊戲用卡。

用餐。我們共享了他們令人垂涎的鮭魚四吃，以及一瓶美味的白葡萄酒。在美食、燈光和史蒂夫懊悔的烘托下，我原諒了他在真實和想像中帶給我的所有傷害。

我真的不記得我們看的是哪齣歌劇了，記憶在一片模糊中走過，史蒂夫也第一次在我家過夜。當我們早上醒來時，碰碰並沒有在史蒂夫衣服上撒尿，而是在床上打鼾，並且夾在我們兩人中間，米斯凱特則在史蒂夫頭上呼嚕呼嚕地睡著。他們的安心舉動給了我信心。

從那晚起，史蒂夫和我便再也沒有分開過。我們在不久後訂婚，幾年之後結婚，他也像愛自己的狗一樣深深愛上了我的寵物。經過幾十年後，我們依然手牽著手一起睡覺。是動物把我們聚在一起，並鞏固了我們的關係，這份關係帶來了許多美好的歲月，還為我們帶來了更多寵物。

我跟許多客戶之間的友誼，都是基於我們對動物的共同熱愛（我對那些公開承認不喜歡狗或貓的人持懷疑態度）。有時候，這些關係也會以驚人的方式把人們聚集在一起。

回到一九九〇年代，艾爾・戈德斯坦（Al Goldstein）這個衣著邋遢的成人娛樂小報 *Screw*、*Smut* 和 *National Screw* 出版商，曾經像紐約市的偶像人物一樣。自一九七〇年代中期以來，他就在J頻道主持一個惡名昭彰、突破禁忌邊界的公共頻道節目

《午夜藍調》（*Midnight Blue*），該節目大膽邀請了色情明星、SM女王、應召女郎、伴遊女郎、D咖明星和一群紐約市邊緣人上節目。《午夜藍調》的一個常規單元叫做「X你！」（F*ck You），艾爾每週都會利用這個單元猛烈攻擊當週最讓他感到憤怒的對象。

艾爾有一隻越南大肚豬（Vietnamese potbellied pig）名叫「波奇」，他算是這股「特殊寵物」潮流的先驅者。他會把豬帶到公園東看診，我們在公園東很少看到不是狗和貓的病患，不過艾爾和他的妻子珮蒂，也有一隻叫做「海蒂」的約克夏㹴（Yorkshire Terrier），所以B醫師同意醫院也會照顧他們的豬。

B醫師總是把握每個機會，向媒體展示自己是明星們的寵物醫師。他接受過很多關於與名人客戶合作的訪問，有一次他說過類似這樣的話：「我也治療艾爾．戈德斯坦的豬，這很合情合理，因為戈德斯坦自己本人就是隻豬。」

我聽到這句話非常震驚，艾爾其實是非常和善的人。在我跟艾爾和佩蒂的每次見面中，他們都對我非常尊重和友善，對他們的寵物也充滿愛心。那到底侮辱一位客戶（尤其是在媒體上）的邏輯是什麼呢？更何況這位客戶還擁有自己的電視節目和平台可以予以反擊。

果然，在下一期的《午夜藍調》節目「X你！」單元中，艾爾**舉起一張B醫師的照片**，說了類似這樣的話：「我想談談這個死變態B醫師。他是公園東動物醫院的老闆。我把我的寵物帶去那裡看病，這人卻像混蛋一樣對待我。」然後他把B醫師的照片放在桌上，當場拿了一塊真正的狗屎直接丟在B醫師的臉上。他結束這個單元的時候說：「哦，這家醫院有一位很可愛的獸醫，他很棒，他叫艾咪醫師。如果你打算去這家醫院，記得找艾咪醫師。」

事實上，艾爾做了兩集關於B醫師的節目，並在兩集節目中都提到了我的名字。我雖然從沒看過《午夜藍調》，但我有許多客戶是這個節目的忠實粉絲，他們都跟我講了節目內容，結果我因此吸引到很多新客戶，他們都說是艾爾推薦的。

在那個關於B醫師的「X你！」節目第一次播出後不久，艾爾似乎想在醫院以外的場合跟我建立友誼，所以邀請我和史蒂夫參加他每週日舉辦的非正式沙龍早午餐，地點是在他家附近第三大道上的一家餐廳。他第一次邀請我時，我正好在佛羅里達探望父母，第二次則是因為工作無法參加。如果我再不接受他的邀請，他可能會覺得受到冒犯，我因此擔心自己被列在他的打擊名單上，就像他對待其他從未接受邀請的人一樣——成為「X你！」單元中的主角。

所以當他第三次邀請我參加早午餐餐會時，我接受了。當時我還很年輕、天真，一直都是好女孩形象，從沒看過成人電影，更別說接觸過紐約市的地下成人世界。在早午餐的場合裡，我右邊坐著一位身穿黑色光面皮革胸衣、長及大腿的高靴、身上掛著鏈條，有著一頭搖曳紫色馬尾的SM女王；我左邊則是演過《怪胎一族》（*Munsters*）影集祖父角色的知名演員艾爾．路易斯（Al Lewis）。桌子對面還坐著一群美麗的成人電影女星，整個曼哈頓的矽膠可能都集中在這裡了。

這些客人並不是我平常週日早晨的社交圈，但早午餐畢竟是早午餐。從公園大道的頂樓公寓到紐約的成人界，大家都一樣喜歡香檳雞尾酒和班尼迪克蛋。我們坐著、吃著，度過了非常愉快的時光。

整場餐會大約過了一半時，一位遲到的客人出現了。他長得矮胖、多毛、並不怎麼吸引人，還留著雜亂的鬍子與稀疏的長髮。我一看到他，心裡便想**這人怎麼看起來有點眼熟**。

艾爾站起來迎接他，帶著他繞著桌子，讓他向每個人自我介紹。當他走到我們面前時，艾爾說：「史蒂夫，想必你認識羅恩．傑瑞米（Ron Jeremy）。」

史蒂夫禮貌地站起身和羅恩握手說：「抱歉，我應該不認識。」

我聽見桌子四周傳來幾聲「難以置信」的笑聲，完全不知道他們在笑什麼。艾爾看著史蒂夫問：「你在開玩笑吧？**你不認識**羅恩．傑瑞米？」「真的不認得，抱歉。」

艾爾轉向我說：「艾咪，這是羅恩．傑瑞米。我猜你也不認識他。」

我說：「嗨，羅恩。你看起來很眼熟。我是不是在哪裡見過你？」

結果滿桌的人都笑到不行。史蒂夫不認識，艾咪卻認識？

艾爾強調說：「來吧，艾咪，你應該不認識羅恩！」

「你的臉對我來說真的很面熟，」我很堅持地說：「我一定認識你。」

那位「祖父」因為笑得太大聲，幾乎快被家常炸馬鈴薯條給噎到了。

甚至連那位 S M 女王也笑了。

最後，我終於恍然大悟地問：「你是不是唸過班傑明・卡多索高中？」

羅恩笑著問我說：「你也是來自貝賽德（Bayside）區的人嗎？」

原來我們唸的是同一所高中，羅恩・傑瑞米還是我家隔壁鄰居的好友。真相大白後，我和羅恩對這個「世界真小」的巧合大笑不已。同桌其他人都還在笑，但我當時並不知道大家在笑什麼。

早午餐餐會結束後，我們回家做了一些調查，才知道羅恩在成人影片界以驚人的體力聞名，這時我們才明白整個笑話的來龍去脈*。

我期待再次與艾爾同聚的時光以及造訪他的聯排別墅。有些人可能會根據艾爾的外表、他帶有強烈色彩的言論、他的出版刊物和媒體裡的內容，對他的評價不高。然而他們都錯了。艾爾不僅非常聰明，還在推動第一修正案權利方面扮演著重要角色。事實上，許多重要的第一修正案案件，都是由色情產業工作者提出的。艾爾還相當喜歡歷史，也是一個極為關注新聞的人。我們有過許多精彩的知識性對話，讓我有機會從新視角看世界。

所以動物能帶來的最好情況，就是把人們聚集在一起並糾正人們的錯誤。藉由與一隻寵物建立的關鍵連結，我成功地做到了這一點。

故事要從二〇〇〇年代初期說起。當時中央公園南側的麗思—卡爾頓（Ritz-Carlton）飯店首席接待主管，打電話到我的「城市寵物」。麗思—卡爾頓是家對寵物非常友善的飯店，接待主管以前也曾把幾個病例交給我。因為偶爾會有客人的寵物在住飯店期間生病，或是客人旅途經過紐約，需要一位認證獸醫簽署旅行文件等。無論如何，可以在飯店內為寵物進行獸醫檢查，對旅行者來說非常方便。

當時我正在辦公室處理一些行政工作，電話打了過來。卡莉達把電話拿給我，並說：「你應該親自接這通電話，與一位VIP客人有關。」

果然，接待主管說：「我們有位貴賓的狗走路有點跛，他希望在飯店套房內讓您檢查這隻動物。如果您今天能過來幫忙的話，我將非常感激，因為這是一位非常特殊的VIP客人。」

「可以告訴我更多訊息嗎？」

他說：「病患是一隻巴哥犬。」現在他完全吸引了我的注意。

麗思—卡爾頓飯店離我的所在位置只有兩個街區，而這隻狗是位VIP的寵物（而且是非常重要的巴哥犬！）。「我一小時內到。」

「太好了！當你到達時，請告訴前台你是來見約翰．史密斯（John Smith）**的。」

* 譯注：大家以為艾咪看過羅恩演的成人片，所以說覺得認識他。

** 譯注：常用的假名。

「能告訴我這位客戶是誰嗎？」

「你很快就會知道。檢查的時候他會在場。事先知不知道應該沒差吧？」

「是，『巴哥犬』這個詞就已經足夠了，」我坦白承認。

我曾經去過很多豪華的飯店套房，為名人的寵物提供治療。不過有時候我並不知道他們是誰。多數時候，這些名人本人並不在場。艾爾頓強（Elton John）是我好幾年來的長期客戶，但每次我在他那間巨大的飯店套房客廳裡幫他的狗做檢查時，他總是在臥室裡睡覺。而這一次，我會直接見到這位神祕ＶＩＰ。

那天，我的同事道爾頓醫師已經把家訪行李箱給帶走了，所以卡莉達和我匆忙準備了一些備用器材，做成檢查包。另外，還準備了治療一隻跛行的狗可能需要用到的藥物，然後我們就向麗思—卡爾頓出發。

我們走到前台，說了要找約翰·史密斯，立刻就被引導到一座可以直接搭到頂樓ＶＩＰ套房的小電梯。我按下門鈴，在等候神祕ＶＩＰ開門的同時，卡莉達和我帶著期待的笑容對視。**到底會是誰呢？如果我們不認識他該怎麼辦？**

門開了，客戶站在門口，手機貼在耳邊。他對著手機說：「等一下。」然後伸出手來跟我們打招呼。「嗨，我是比爾，謝謝你們這麼快就趕來。」

「很高興見到你，**比爾**，」我盡量保持正常。但我的心裡正在尖叫。**天啊！是比利·喬**（*Billy Joel*）**！比利·喬!!臉看起來和聲音聽起來完全就是……比利·喬!!!**

我是忠實的比利·喬粉絲。他剛開始成名時，我哥哥路易斯已經有駕照了，他會開車帶我和朋友們一起去看比利的每場小型演出，例如在「底線」（Bottom Line）的演出，那是一個鄉村小酒吧。而當比利開始在大型體育館和體育場演出時，我幾乎每次都會去聽他的演唱會。

他示意我們進去，並指引我到一張大圓桌旁，讓我們可以擺放檢查設備。這間套房非常寬敞，位在角落的這個工作區域還擁有可以俯瞰中央公園的開闊視野。客廳裡甚至還擺著一架大鋼琴。我還被介紹給他的伴侶凱蒂・李（Katie Lee），一位坐在沙發上的美麗褐髮女子。

比利結束通話後走過來說：「她今天早上還好，結果我們散步回來後，她的後腳就無法放下來了。」

他指的是「菲奧努拉」，一隻可愛的黑色巴哥犬，她只用三條腿跑來跑去，右後腿抬起呈四十五度角，尾巴捲曲著搖晃，似乎並未因此而放慢腳步。

我把她抱起來放在餐桌上。當我開始為這隻美麗的狗做檢查時，我也悄悄打量著比利。他穿著深色牛仔褲，繫著皮帶，襯衫和毛衣都塞進褲腰裡，看起來儀表整潔。他的小鬍子和山羊鬚組合打理得非常完美，我猜他今天早上一定去了趟理髮店——或者應該說理髮師來過這裡。他的身高不算高，但體格寬厚結實，是個像堵牆一樣可靠的人。我忍不住盯著他那雙彈奏鋼琴時展現出絕美樂音的精緻手指。

因為以前沒見過菲奧努拉，所以我必須做完整檢查，不能只針對她的跛腳而已。當我打算從包包裡取出聽診器時，卻驚慌失措地發現，在匆忙之中我們竟然忘了帶聽診器。我對著卡莉達的眼睛，默默暗示著「沒有聽診器」。

她給了一個「我明白了」的眼神，伸手從工具包裡拿出血壓監測耳機，這是一個Y形裝置，看起來有點像聽診器。管子通常會插進儀器裡，但我把它放在菲奧努拉的胸口，另一端則放進耳朵裡，好像我真的在聽這隻狗的心跳，然而事實上，我的心臟因為害怕被發現而猛烈跳動著。

因為我完全是假裝的。

我完成了其他檢查後，問：「你們會在紐約待多久？」

「幾天吧。」他回答。

太好了。

「菲奧努拉有髕骨脫位，髕骨就是膝蓋骨，」我向他解釋說：「膝蓋骨通常會在腿部伸展和彎曲時，沿著一個溝槽上下移動，方式跟人類的一樣。菲奧努拉的膝蓋骨脫位了，當這種情況發生時，她會抬起腿來讓自己舒服些。你知道當你走樓梯時，膝蓋骨輕微脫位的那種怪異感覺嗎？菲奧努拉也有那種感覺。這在小型犬中很常見。我剛剛把它移回正確的位置，但如果韌帶已經被拉長的話，它可能無法保持原位。如果這是慢性問題的話，也有手術可以解決。」

「她會很痛嗎？」他問我。

「現在一點也不痛。」事實上，她目前正正常地用四條腿走路。

我對他說明了治療計畫，包括抗發炎注射、口服消炎止痛藥和多休息等，接著說：「我明天還會再來，確保她的膝蓋骨保持在正常的位置上。」膝蓋骨沒事，但我不能給這隻狗一張健康證明，還是需要用真正的聽診器聽她的心臟和肺部。我還愧疚地補充說「不另外收費」。

卡莉達和我隔天回來後，終於鬆了一口氣。我檢查了狗的心臟和肺部，都完全正常，膝蓋骨也還在正確的位置上。

就這樣，第一次看完菲奧努拉回家後，我帶了一個精彩的故事要告訴史蒂夫和我們的助理瑪塔。但在我還沒來得及講故事之前，瑪塔先開口說：「妳永遠猜不到我今天碰到誰！我在中央公園南邊遛狗，一個戴著太陽眼鏡和棒球帽的男人跑過來摸他們。他說他也養巴哥犬。」

「是比利．喬嗎？」

她一臉驚訝地說：「你怎麼知道？」

也就是說，那天我見到了比利．喬的狗，比利．喬也見到了我的狗。這就是曼哈頓的因果報應啊。

從那天開始，每當比利來紐約就會打電話給我，讓我檢查他的狗。如果他不在家的時候有某隻狗生病的話，他也會安排把牠們從長島的家裡送過來（可能用豪華轎車或直升機）。隨著時間經過，漂亮的褐髮女孩凱蒂成了比利．喬的未婚妻（後來成為他的妻子），也成為我的朋友。

有一天，凱蒂突然打電話給我請我幫忙，她說：「你知不知道我要怎樣才能拿到西敏寺犬展的門票？我從沒去過，一直想去。」

「我當然知道怎麼拿到票，」我說。「更好的是，妳為什麼不跟我一起去呢？我也是犬展的官方獸醫呢！」

凱蒂在麥迪遜廣場花園的員工入口處和我碰面，我帶她到後台，讓她進行全程參觀。我告訴她說：「我至少來這個場館看過五次比利的演唱會。」

她害羞地說：「我還沒看過他在大型場館的演出呢，」我很驚訝。我帶她走到後台牆壁看，那裡掛滿了曾在這裡演出的名人照片，而且牆上主要掛的就是比利的照片。我們度過了愉快的一天，並把我們從客戶和獸醫的關係，轉變成持續至今的友誼。

從過去到現在，我一直和國際野生動物保護學會（WCS）合作，擔任野生動物健康計畫的募款人。把來自世界各地的優秀保護工作者和他們的保護項目，跟愛護動物並有能力透過資助來產生影響的紐約市民連結起來。某一次活動前，我說服WCS幫我借到中央公園動物園，並提供資金讓我舉辦一個派對，好讓WCS的野生動物獸醫跟我的一些有興趣贊助的客戶見面。這些獸醫所做的就是我正在做的事，也就是到家中治療生病的動物——不過他們的病人是野生動物，而病患的家在塞倫蓋提或巴塔哥尼亞，而不是公園大道。這項活動取得重大成功，為野生動物健康計畫募得幾十萬美元，也讓WCS交到許多新朋友，這些朋友至今仍在支持這個機構。

我還規劃了幾場主題晚會，向我的客戶介紹WCS在保護老虎和大象等指標性物種方面的努力。我邀請凱蒂參加其中一場以大象為主題的晚宴，因為我從她家中的照片得知她特別喜歡大象。於是她和其他一百位來賓，一起來到位於曼哈頓中城的「核心」（Core Club）私人俱樂部參加這場活動。

活動展示包括邀請WCS的大象專家，講解大象因土地使用變化和為了象牙而持續遭到屠殺的困境。每天約有九十六頭大象遭到殺害，原因是錯誤的傳統信仰，認為象牙有藥用價值或為了美麗的雕刻。每天失去九十六頭大象，就代表每年失去超過三萬五千頭大象，這個數量讓大象這個關鍵物種完全無法延續。如果不進行徹底干預，大象將會滅絕。

演講結束後，我安排了十二位特別來賓在私人房間裡與WCS的科學家和保護工作者做進一步的討論。我安排凱蒂坐在WCS公共事務執行副總裁卡爾維利（John Calvelli）旁邊。雖然他希望的是凱蒂的慷慨捐助，但我希望她能做得更多。比利・喬與當時的紐約州州長古莫（Andrew Cuomo）關係友好，而當時的紐約是全球第二大象牙販售市場，古莫州長可以協助終止這種情況，例如簽署那項被擱置的「禁止銷售象牙」法案。如果凱蒂能跟比利談，然後比利再跟古莫談，或許我們就能解決紐約的象牙買賣問題。

當晚結束時，凱蒂感謝我說：「我學到了很多。大象的處境讓我心碎，我可以做點什麼幫忙嗎？」

「妳可以做的事情很多，」我說：「因為妳有一些真正能產生影響的人脈。」

於是凱蒂立刻行動起來，成功促成了WCS領導人與古莫州長及其顧問，包括紐約州環境保護部長的會議。WCS向州長解釋了紐約州需全面禁止象牙銷售的必要性。我聽說古莫州長問環保部長：「我可以這樣做嗎？我應該這樣做嗎？」

沒錯，他可以、也應該這麼做，而且他確實這麼做了。古莫簽署了這項法案，將在紐約州銷售象牙或犀牛角視為非法（只有極少數情況例外）。而比利．喬也透過發表公開聲明，支持這項象牙禁令，他的聲明內容如下：

我是一位鋼琴演奏者，我知道有些鋼琴家偏愛象牙製的鋼琴鍵。然而對象牙鍵的偏好，並不能為每天屠殺九十六頭大象提供正當理由。鋼琴鍵有其他材料可以取代，但像這樣壯麗的生物是無法被取代的。音樂永遠不該被當作摧毀瀕危物種的藉口，音樂應該是慶祝生命的樂器，而非造成死亡的工具。

他還拍攝了公益廣告，支持「九十六頭大象」運動。我為他感到非常驕傲，也對自己在這件事扮演的中間角色感到自豪。為了最崇高的理由——對動物的愛，將這些合適的人們聚集在一起。

歲月流逝，凱蒂和比利離婚了。雖然比利開始花更多時間待在佛羅里達州，但我仍然繼續為他們的寵物提供治療。史蒂夫和我有次去佛羅里達探望我父母時，比利邀請我們下午到他位於棕櫚灘以南、跨海水道旁的新豪宅玩。

我們不知怎麼地聊到了大象。比利說：「你知道這件事嗎，艾咪，我真的參與了大象保護。我為國際野生動物保護學會拍了一個關於禁止販售象牙的公益廣告。」

我微笑著說：「真的嗎？我相信那一定會帶來重大影響。」

我很確定他不知道我在促成象牙禁令立法簽署中扮演的角色，更不知道我如何策劃他的參與。因為到目前為止，我從未告訴過他。

6 沒有所謂失能的寵物
There's No Such Thing as a Disabled Pet

我認為人類害怕身障殘疾，是因為擔心這點會在社交、身體和情感上限制了他們。但動物並不在乎自己看起來怎麼樣或是身體出了什麼問題。牠們可能甚至不知道這件事，只是盡自己最大的能力好好過活。碰碰就是一個最好的例子。

當我在公園東工作時，我的病人「多莉」是一隻經常來看診的八歲可卡犬（cocker spaniel），因為她反覆得到永無止盡、讓她痛苦不堪且會發出惡臭的耳朵感染。可卡犬和其他耳朵長而毛茸茸的狗，很容易得到惡性的耳部感染，因為牠們垂下的耳朵妨礙了耳道的空氣流通，而細菌和酵母菌會從游泳、抓耳朵、在泥地翻滾、甚至只是正常生活中的接觸而感染，然後會在耳朵內部的溫暖潮濕環境中繁殖。這就是讓耳朵感染的完美組合。對於多莉來說，這種感染是慢性的，既痛苦又頻繁。

「又來了，這次聞起來像酸奶味。」史密斯太太不情願地告訴我這件事。

由於這種氣味非常特別，我一進房間就能根據氣味辨別出耳朵感染的種類。

多莉仍在服用我根據她上次檢查結果開的抗生素，但顯然已不再有效了。

「我真的束手無策了。我覺得她永遠也不會好起來，」史密斯太太說。「現在她甚至不讓我滴藥水。更糟的是，當我碰她的耳朵時，她還會咬我。」

「讓我看看，」我邊說邊戴上手套。

「小心一點！她不喜歡有人碰她耳朵！」她說著竟從自己的狗身邊後退了幾步。

我輕輕地翻開多莉的左耳，查看耳道，發現那裡已經成為一塊嚴重發炎的區域。原先應該是粉紅色、平滑且乾燥的軟骨摺疊處，現在變得紅腫並有膿液滲出。由於腫脹得如此嚴重，我無法將耳鏡放入她的耳道深入檢查。另一隻耳朵的情況也幾乎一樣。這樣的發炎和腫脹，以及已經長出的不規則蘑菇狀物，不僅讓她極度疼痛，多莉也應該會再也聽不見了。

史密斯太太並沒有對她的可卡犬輕忽照顧。事實上，她遵照了我所有的建議，保持多莉的耳朵清潔乾燥，剃掉耳朵內側的毛髮，經常抬起她的耳朵以促進空氣流通。但對於這個品種的狗來說，很難完全避免耳部感染。而且很多狗一旦得過耳部感染，都很容易一而再再而三地感染。更糟糕的是，每次感染都會讓組織變得更不健康，因而延續了這個惡性循環。

「我不應該讓她去湖邊游泳的，」她說：「但她就是這麼喜歡。所以我每次都會像你告訴我的那樣，用棉花球把她的耳朵擦乾。」

「我知道這不是你的錯。既然跳進湖裡這麼有趣，怎麼可能把她留在家裡？」我停頓了一下，繼續說道：「史密斯太太，現在應該要做我們之前討論過的手術了。」

我曾經多次建議，多莉應該要做一個名為「全耳道切除術」的手術，這是一種將外耳和內耳的不健康組織切除的手術，目的是防止耳道感染再次發生。

「這不就是說要把她的耳道切掉嗎？那不是會讓她變聾？」

「嗯，這樣做對一隻正常聽力的狗來說會變聾沒錯，但因為那些增生物和發炎的關係，多莉其實已經聽不見了。」我解釋：「當耳道被移除後，那些感染和分泌物就會消失，最重要的是，她不會再感到疼痛。而且你會驚訝她能適應得有多好，沒有了痛苦，她會感到更快樂。」

史密斯太太開始流下眼淚。「多莉不會因此感到沮喪嗎？如果她聽不見，她這輩子該怎麼過呢？我知道她現在聽不見，但真的進行手術以後，她會永遠變聾……」她對自己剛才說了什麼，也顯得有些困惑。

「我知道這很難決定，但當她不再承受持續的疼痛，她會開心得多。而且她可以隨心所欲地游泳，無需再冒著被感染的風險。她的生活也會變得更棒。我保證她會適應的。」

「不行，我不能有一隻聾狗。」她堅持地說，眼淚又不停地流下。

我該怎麼讓她瞭解到這個手術會治癒長久以來困擾多莉的感染，消除她的痛苦，並讓她變得更快樂呢？

我有辦法了。「抱歉請等我一下。你們可以先去候診區坐一下，我們兩分鐘後繼續這個話題，好嗎？」

她帶著多莉慢慢走回等候區，而我去找碰碰。他尾巴捲起、開心地搖著走進等候區，蹦蹦跳跳地跟著我。碰碰走到多莉面前，他們開始互相嗅聞。多莉搖了搖尾巴，但仍然維持著些許矜持，碰碰則四處跳躍，做了我所說的「bug-a-boo」（巴—嘎—哺，引誘對方玩的動作）。不久後，兩隻狗開始在房間裡玩耍。

一隻聽不見，另一隻則看不見。

「真是一隻可愛的狗，」史密斯太太驚訝地說，因為她對多莉回應碰碰的調皮舉動，感到有些意外。

「是最棒的狗，」我說：「他的名字叫碰碰，就像金龜車一樣，是我的狗。」

「你真幸運啊，」她回答。

「而且，」我補充道，「碰碰是完全失明的狗。」

我猜她一開始沒聽懂我的意思，所以讓她靜靜地思考了一會兒。接著她看著我，驚訝地說：「失明？他完全看不見？可是他跟多莉玩，看起來玩得這麼正常。」

「完全失明，」我回答：「他很正常。除了家裡為他做了一點安全上的預防措施外，照顧他和其他狗一樣簡單。你也看到了，他是一隻非常快樂的狗。換成多莉也是一樣，做這個手術之後唯一的不便，就是我沒辦法經常看到你們了。」我笑著說：「多莉會感覺好多了，也不會因為疼痛而抗拒妳的觸碰，你們會重新享受彼此的陪伴。」

就這樣，她同意進行手術了。

手術很難，而且需要較長的恢復期。多莉一共在醫院住了四天，服用了大量的麻醉藥物來緩解手術後的疼痛。等她回家後，還要繼續服用口服止痛藥。而且她會看起來很可憐，必須戴著塑膠頸圈防止她抓傷手術部位。十天後，我拆除多莉的縫線，頸圈也拿了下來，多莉感覺起來比這幾年來的任何時候都要更好，而史密斯太太也因此變得更開心了。

失去某種感官——無論我們認為它有多重要——對寵物來說並非世界末日。狗會適應自己的身體變化，即使失去感官，牠們仍然能在未來幾年的生活中獲得樂趣。人類關於「殘疾」和「毀容」的觀念根本不適用於動物，除非我們強加在寵物身上，而這些強加上去的，通常是基於我們自己的虛榮心或我們對自己的恐懼。所有這些都與我們家裡的四條腿成員沒有關係。

我曾經幫「弗瑞德」治療過一段時間，他是一隻可愛的迷你長毛臘腸犬（long-haired miniature dachshund）。弗瑞德住在一位單身女性露西家中，而露西擁有著名的紐約姓氏，住在曼哈頓公園大道上某間五樓公寓。這棟大樓就曼哈頓的標準來說算是小的，只有八、九層樓，每層樓大約有兩到三間公寓。也就是大約有二十戶人家住在這裡，大家彼此都認識，形成一個友善的社區。

露西的生活非常忙碌。她除了正在完成大學學業以外，還有很多社交義務。我並不是說她忽略了對弗瑞德的照顧，但有時她確實沒能給予弗瑞德所需的時間。經常發生的情況是，她沒帶弗瑞德出門解決生理需求，而是帶他到大樓地下室讓他跑來跑去並且排便。有一天，她著急地打電話給我說：「弗瑞德拉血便！真的，不是一點點血，**是很多血！**」

我重新調整了預約日程，立刻趕了過去。便便出血是常見的緊急狀況，通常不會危及生命。但這次聽起來不太一樣，因為她說「很多血」的語氣令人擔憂。

平常非常快樂的弗瑞德看起來很痛苦。露西把她用來清理弗瑞德排便的紙巾遞給我，的確，紙巾完全被鮮血浸濕了。我檢查弗瑞德的口腔和皮膚，發現他牙齦上有明顯的瘀傷，肚子上也有紅色的小點，看起來像是微小的黑藍色瘀傷。弗瑞德不是在拉血便，而是血液正在從他的毛細血管滲透到腸胃道、皮膚下，甚至可能還有其他部位。

所有跡象都顯示出一件事，那就是弗瑞德吃了致命的老鼠藥。

「弗瑞德過去十二小時在哪裡？」我問道。他可能是在中央公園散步或是在街上找到毒藥的。

「問題是他並沒有出門。我這幾天有點忙，沒帶他出去散步，」露西說。

「那他去哪裡上廁所？」

「我帶他去地下室。」

地下室當然也是狗狗可能接觸到有毒化學物品的地方。「弗瑞德需要馬上送醫，」我告訴露西：「在外面等我，我的司機會載我們過去。」

我和喬治去了地下室，準備和大樓的管理員卡爾談談。走向他的辦公室時，我經過租戶們放置行李箱、舊家具、自行車和裝滿文件塑膠箱的儲物籠。在房間角落的地板上，我看到有一些綠色顆粒，旁邊還有一個被咬過的黑色塑膠盒。卡爾走到我站立的地方，我問他：「這是老鼠藥嗎？」

卡爾的臉立刻紅了起來。「我真的把這個地方打掃得很乾淨，」他滿心防衛地說：「這是一棟不錯的大樓，但我就是無法擋住害蟲，即使用了老鼠藥也一樣。所以我每個月都會換一種不同牌子的老鼠藥。這個是我幾天前放的。」

我不耐煩地說：「讓我看一下那袋老鼠藥。」

無論你住在第五大道的頂層公寓，或是A大道的公屋，曼哈頓的每棟大樓都一樣有老鼠問題。

卡爾去他的辦公室把毒藥袋拿了過來。他遞給我時，還是顯得有些尷尬。

老鼠藥有很多不同種類，每種藥毒殺老鼠的機制都不同，因此我必須知道弗瑞德吃的是哪一種老鼠藥，以便妥善治療。結果他吃的這種毒藥含有一種長效抗凝血劑，叫做「可滅鼠」（brodifacoum）。即使狗只攝取少量，也會明顯地改變血液凝固過程，最終便會開始自發性地出血。而且這種毒藥的藥性會在狗的體內停留好幾週。幸運的是，這種藥有解毒劑——維生素K－1。但儘管如此，毒藥仍然可能致命，救命的關鍵在於及早治療。我不知道弗瑞德何時吃下這些毒藥，但他內外部的出血，已證明毒藥開始影響他，我希望治療不會太晚。

當我走出大樓時，露西和弗瑞德正在街邊等著，但我的車和司機卻不見蹤影。

法蘭克在哪裡？該死！他為什麼總是這樣？

我最近聘用了法蘭克來當我的司機，他是一位退休的市警。他看起來很和善，我覺得有個退休警察在身邊也沒什麼壞處。但沒過幾天，法蘭克就開始讓我感到煩躁，因為他會在車裡不停嘮叨自己的婚姻問題。每次我在回診後上車，準備使用我全新的科技工具——手機，來回客戶的電話時，法蘭克總是精準地說起他那段太過私人的獨白。我從不回應他，希望他自己能夠明白並停止說話。但每天，在每次約診之間，當我試著打電話或在病歷上做筆記時，他都會喋喋不休地說：「她不煮飯。總是在打電話。我得自己去買菜、打掃家裡……」

我還真驚訝他對家裡那麼有幫助，因為他從早到晚不曾幫過我和喬治任何忙。每次我請他幫忙搬裝備上車，他總是拒絕，解釋說一天中進出車子太多次對他來說太過勉強。

但我知道他完全有能力在想要時進出車子，他只是缺乏動機而已。

在他為我工作的第二天，我完成一次居家外診後，走到他放我下車的地方，發現法蘭克不在那裡。

等等，我是不是走錯地方了？就在這時，他開車停到我面前說：「警察出動了。我得繞著街區，以免你被開罰單。」

這有點奇怪。紐約市的警察之間不是有一種彼此互不開罰單的兄弟情誼嗎？

我上了車，注意到車內地板上有一個皺巴巴的 Dunkin' Donuts 甜甜圈袋，這袋子之前並不在這裡。之後，我幾乎每天都會注意到新的 Dunkin' Donuts 袋，而且還有新鮮的果醬塊——有時是紫色的，有時是紅色的——沾在法蘭克的襯衫上或仍然黏在他的下巴上。

在弗瑞德的情況如此危急時，我對法蘭克在那樣的時刻再次因為他對甜甜圈的渴望而離開崗位，感到非常生氣。當他過了六分鐘後開車回來時，地板上又是一個皺巴巴的 Dunkin' Donuts 袋，我幾乎控制不住自己，差點在客戶面前對他大吼。喬治、露西、弗瑞德和我擠進車裡，我們飛快地駛向動物醫院。在整個車程中，我都在憤怒中煎熬。這一次，法蘭克似乎讀懂了我的心情，他保持沉默。

由於弗瑞德的血液檢測顯示出凝血時間過長，他已經因失血而貧血。除了幫他注射解毒劑——每天兩次的維生素K－1注射外，他還需要輸兩次血，因為他的血液數值已經低得危險。經過一整週的住院治療，弗瑞德終於穩定下來，並且最終可以回家，但他必須繼續接受維生素K－1治療兩個月，直到他的凝血功能恢復正常。

大樓裡的每個人都為弗瑞德能夠平安回家感到高興。在下一次的每月大樓管理會議上，住戶們一致決定不再在地下室使用老鼠毒餌。

也因此，他們需要透過不同的方法來處理不受歡迎的鼠患，而我正好有辦法。在我的幫助下，露西的建築物收養了一隻棕色的成年大貓，名叫「史快客」

（Squeaker）*。卡爾和居民們立刻愛上了史快克。因為史快客是個天生的捕鼠好手。也許光靠那令人敬畏的貓科動物威嚴，就已足已嚇跑那些齧齒類動物。這個解決方案非常有效，大樓管理委員會的委員們同意史快客讓我負責照顧，他們則會支付牠的醫檢費用。

我在大樓裡還有其他幾個病人，每當我來檢查其中一位時，都會順便到地下室去跟史快客打個招呼。卡爾也為他的新同事感到驕傲，他吹噓著史快客是如何控制老鼠的數量，更別提牠對大樓員工來說是多麼美好的同伴。

八年來，史快客一直很健康，除了接種疫苗之外不需要任何其他治療。直到有一天，我去大樓看一隻可愛的橘色虎斑貓「芥末」時，卡爾攔住我說：「情況有點不對勁，史快客吃完五罐食物後仍然非常飢餓，而且牠的體重變輕了。剛開始，我以為我不應該餵牠太多罐頭，你知道的，讓牠有點餓著，牠才能成為更好的捕鼠能手。但牠即使吃光所有食物，還是會去抓老鼠。現在我盡量多給牠些食物，但看起來還是不夠。」

所以在檢查完芥末之後，我和喬治去地下室找史快客，發現牠正在鍋爐室裡小睡。我把牠放在秤上，確認了儘管牠吃得很多，依舊減輕了約一公斤。不過，我注意到牠的心跳異常，聽起來像馬在狂奔。我抽了牠的血，結果證實了我的懷疑，史快客患有甲狀腺功能亢進，這是一種會加速新陳代謝的疾病；儘管吃得更多，患者體重還是會減輕。甲狀腺功能亢進也會導致心跳異常快速且不規律，就像我在史快客身上聽到的一樣。如果不趕緊治療甲狀腺功能亢進的話，病情就會變得很嚴重。

我打電話給卡爾，告訴他史快客的診斷結果。「史快客需要終生服藥，」我解釋道。「每天兩次，每次相隔十二小時。你能做到嗎？」他說：「哇，這太難了。我會試試，但史快客並不一定都會出現，而且我有很多事情要做，我不能保證每隔十二小時都能下來，而且我不是每天上班。」在接下來的幾天和幾週裡，陸續有幾位大樓居民同意幫助史快客服藥，但仍然無法維持嚴格的服藥時間表。這確實是個難題。

「還有一個替代方案，」我告訴卡爾。「史快客可以去一家專門的動物醫院，注射一次性的放射性碘，就像治療人類的這種病一樣，只需做一次長效注射。由於這種治療會讓牠暫時具有放射性，所以牠得要住院大約一個禮拜。在放射性減弱之前，牠不能回家。整個過程包括注射和住院，大約要花二千五百美元。」我向他解釋。

決定是否採用這個方案並不是卡爾個人的責任，因為史快客屬於大樓管委會。居民們舉行臨時會議來討論這個問題。讓我感到溫暖的是，他們一致同意為一隻一整年只會在取行李的儲藏區見到一、兩次的貓，支付治療費用。因此在接下來兩年裡，史快客的所有護理都是例行檢查而已，因為牠的甲狀腺狀況已經得到控制。但後來卡爾又預約了一次診療，這次是因為史快客正在跛行。

「我以為牠可能被什麼東西咬了，但牠似乎越來越糟。牠至少已經有兩週沒用過

* 譯注：吱吱聲之意。

那條腿了。」

有時候，史快客會為了我們的約會而躲起來，也就是說我們必須在大樓設備後面和黑暗的地下室角落尋找牠。但今天的情況不一樣，我一看到牠的腿就知道牠不會躲著我了。

「你怎麼了？」我問史快客，一邊輕輕地把牠抱起來放在工作台上。牠的右前腿沒有著地，肘部上方有一個紅腫硬塊。我觸摸時，牠發出了貓生氣時會發出的嘶嘶聲。

「我無法在不進行X光檢查的情況下，判斷發生了什麼事，」我對卡爾說。「我可以帶牠去醫院嗎？」

「當然可以，」他顯然很擔心他相伴十年的同事。

X光顯示牠的骨頭上有典型的太陽放射狀圖案，這意味著史快客患有骨肉瘤（osteosarcoma）這種惡性骨腫瘤。這是相當典型的病例。

「我有壞消息要告訴你，」我對卡爾說，「那個腫塊是骨腫瘤，已經對骨頭造成了很多痛苦的損傷。」我深吸一口氣，繼續說：「目前唯一的治療方法是截肢。」

卡爾臉上通常掛著的快樂表情消失了。沉默了約三十秒後，他說：「我不能對史快客這樣做。牠是一隻非常驕傲的貓。而且，牠怎麼能在三條腿的情況下抓老鼠呢？牠將會成為一個沒有工作價值的員工。而且，我相信居民們應該不會為牠付錢。」卡爾列舉了一大堆史快客不能接受手術的原因。

我說：「好吧，我有幾點要說明。首先，史快客非常痛苦，手術可以結束這種痛苦。其次，如果不做截肢手術，史快客的另一個選擇就是安樂死，因為這種癌症會擴散，給牠帶來更多痛苦。第三，不要低估史快客。我相信牠會讓你驚訝，牠會像以前一樣是個優秀的捕鼠能手。」

「我得問一下，艾咪醫師，」卡爾輕聲說：「請問這要花多少錢？」費用始終是其中一項考慮因素。我的工作是誠實地為客戶提供訊息，讓他們決定如何處理，而不做任何評判。「包括術前檢查、住院、麻醉、手術和術後護理，大約需要四千美元，」我估計了醫院的費用。這確實是筆很大的數字，對許多人來說都是不可行的數字，即使這隻動物是家庭寵物也一樣。而史快客是一隻住在地下室的貓，並不是任何人的實際寵物。

卡爾搖了搖頭說：「我會把它提交給大樓管委會，但我無法確定他們會同意。」我告訴他：「我願意回答任何相關問題。如果你們決定讓史快客安樂死的話，我也會為各位服務。」

第二天早上，卡爾打電話給我。「他們同意了！」他興高采烈地說。「我昨晚見了董事會，將一切告訴了他們。董事長說，『卡爾，如果這是對史快客最好的選擇，我們會支付你決定下的任何費用。』我一知道牠終於可以做手術了，就意識到我一點都不想和史快客說再見，牠還有很多美好的歲月可以度過。」

居民們的決定，肯定了人們的基本善念。這隻可愛的貓為大樓服務了十幾年，就算手術後牠不能再抓老鼠，牠也能有機會繼續度過餘生，甚至可能訓練牠的繼任者接手。無論如何，牠的主人們為牠做了正確的決定。

史快客接受手術後，在醫院待了幾天康復後，我把牠還給了卡爾。他繼續在辦公室照顧牠。當卡爾看到三條腿的史快客時，這個大個子抱起牠，擁抱牠，對貓咪低語道：「我們又在一起了。」

兩週後，因為要幫史快客拆線，我又去找他們。「牠最近怎麼樣？」

「牠很好！我跟史快客說過你要來，讓牠準備好見你，但牠跑掉了，我現在就去找牠。」

就在卡爾還沒來得及站起來之前，三條腿的史快客悠哉地走進辦公室，直接跳到卡爾的腿上，從嘴裡丟下的一隻死老鼠，啪的一聲掉到桌上。史快客彷彿在對我說：「我很好，看看我給你帶了什麼。」

「乖孩子！」我和卡爾異口同聲地說。

一隻被殺死的老鼠並不是什麼漂亮的東西，但這隻老鼠卻是如此美麗。

當我為史快客拆線時，牠同意讓我輕刮牠的下巴來撫摸牠。結束後牠跳下來，朝我看了一眼後，就跑進地下室繼續更多冒險了。我相信對這隻少了一條腿的驕傲戰士貓來說，狩獵的日子尚未結束。

我堅信，即使是所謂「殘疾」的寵物，一樣能過得非常快樂，人類可以盡力幫助牠們過上最好的生活。因為對我們來說是殘疾，對牠們來說卻不一定是。我見過一些貓狗在經歷創傷或疾病後驚人地恢復。如果有機會能幫助你的寵物恢復更好的生活品質，為何不這麼做呢？牠們一定會對你投桃報李。

當我家的碰碰進入老年後，他再也無法走路了，因為脊椎退化讓他再也無法使用後腿。我和史蒂夫開車去了趟賓州，為他量身訂做了一台步行車。碰碰的前肢仍然很有力氣，把他的身體放在車子裡，在利用車輪代替後腿、後腿不用動的情況下，他還是可以在中央公園裡進行長時間的「散步」。每次我們從衣櫃裡拿出步行車，準備出門時，碰碰總會搖著尾巴。他開心地使用著這台車子，直到他的一生結束為止。

碰碰去世時我悲痛欲絕。他和我一起經歷了那麼多歡樂時光：獸醫學院、我的第一份工作、週末在火島和伯克郡的時光、男朋友、和未來丈夫約會等等。碰碰過世後，光是看到他的東西，包括那台步行車，對我來說都是一種折磨。於是我把它們全都放進了儲物櫃深處。

一個月後，我被要求參與照顧一隻年輕的、後肢癱瘓的、被救援的巴哥犬。這又是一隻不認為「殘疾」就必須感到沮喪的動物。由於收容中心無法提供牠所需要的照護，牠被轉送到獸醫照護中心進行治療。牠總是拼命地爬到房間裡任何願意給牠一些愛和關注的人身邊，結果牠的腹部和腿部因為拖著身體爬行而磨傷。牠會一直留在獸醫照護中心，直到牠足夠健康可以被領養。儘管牠可愛、年輕、甜美、聰明又有趣，但牠永遠無法走路，這讓牠成為一隻難以被領養的狗。

有一天，我和牠一起工作完後回到家，我直接走到裡面擺放著碰碰所有物品的儲物櫃前。我的眼睛立刻濕潤了，透過眼前模糊的淚霧，我找到了碰碰的步行車，第二天便帶到獸醫照護中心。

幸運的是，這台步行車對這隻癱瘓的巴哥犬來說剛好合適。當我把牠固定在步行車裡的那一刻，牠像是重新能夠走路一樣，而且確信自己可以。牠本能地用前腿推動車子，突然之間，牠就開始「跑」來跑去了。大家圍觀並為牠鼓掌，牠四處狂奔，甚至學會了如何在不讓車輪卡住下駛過急轉彎，而且當牠卡住時，還會本能地「倒車」。

我立刻幫牠取名為「駭速快手」。不久後，一個對牠的精神深深感動的家庭領養了牠，將牠帶到了永遠的家。雖然我從此再也沒見過駭速快手，但我知道牠很快樂，因為會領養牠的家庭，必定是一個特別有愛的家庭。

我們應該從盲目、聾啞和失去肢體能力的動物身上學到一課：放下失落感，活在當下。翻滾過草地，而且不管是不是流著口水，都細細品嚐每一塊零食。就像碰碰、多莉、史快客和駭速快手一樣。

7 日常生活也可能充滿危機
Daily Life Can Be Surprisingly Dangerous

我的狗克麗奧佩脫拉不吃東西。她是我收養的其中一隻巴哥犬，現在已經十四歲，她在六個月前的一場大型脊椎手術後，變得有些虛弱。有時候撒上一些帕瑪森起司、新鮮烤火雞肉，或一片哈密瓜，就有機會誘使她吃點東西，但今天什麼都不行。我不斷嘗試她最喜歡的食物，過了四十五分鐘後，我必須去上班了。

「史蒂夫，你可以讓你的女朋友吃點東西嗎？」我喊他。「我得走了，要不然第一個家訪會遲到。」我經常稱克麗奧佩脫拉為史蒂夫的女朋友，因為他們之間有著特殊的聯繫。我並不嫉妒（不會太嫉妒）。

他走進廚房，從冰箱拿出蘋果、優格、煮熟的雞胸肉和花生醬——這些都是她最愛的食物——然後坐在克麗奧佩脫拉旁邊，對她說：「我會照顧妳的，我的公主。」

我吻了他們兩個，然後去上班。

完成了第一個家訪後，我打電話給史蒂夫，想知道早餐的情況。「有成功嗎？」我問。

「吃了，」他得意地說：「我試過所有方法，最後她終於肯吃東西了。」我鬆了一口氣。「太好了！你餵她吃了什麼？」

「她吃了一堆葡萄。」

葡萄?! 不要慌，不要對他大喊。他不知道。

「親愛的，我馬上回家。我們得帶克麗奧佩脫拉去醫院。我知道你忘記了——狗不能吃葡萄。」我很冷靜地說，試圖不讓他驚慌。然而，我自己卻慌了。當我回到家時，史蒂夫臉色蒼白。「我……我很抱歉，」他結結巴巴地說，顯得很難過。「我不知道。我……我的意思是……」他吞吞吐吐，眼睛一直盯著克麗奧佩脫拉。

葡萄對狗來說是有毒的食物。有些狗可能吃很多葡萄，什麼事也沒發生，但在某些特殊情況下，吃幾顆就可能會對狗造成無法修復的腎臟損傷。目前的理論認為，葡萄和葡萄乾中的酒石酸是有毒的，但具體的毒性量因葡萄種類、成熟度和生長地點而有差異。我們的克麗奧佩脫拉因為已經有腎臟問題，所以吃葡萄對她來說，是非常危險的特殊情況。

克麗奧佩脫拉是位優雅的女士，她對隨後的引吐加上住院三天接受靜脈注射液體的過程並不欣賞。幸運的是，她完全康復了。她甚至還在醫院養病時吃了真正的狗食，但在她回家後，又恢復了公主身分，要求史蒂夫坐在她旁邊，看著她從一大堆選擇中挑食。

家**是**心之所在，而你的心可能會以狗或貓的形狀出現。但這終究還是我們人類——寵物照顧者——的責任，必須知道什麼是安全的，什麼不是。因為我們的寵物完全依賴我們為牠們做對的事情，而我們經常做錯。

不安全的東西潛伏在冰箱、咖啡桌、垃圾桶、電梯裡、藥櫃裡，甚至垂掛的窗簾繩上。我們雖然盡力保護寵物，卻很容易疏忽，甚至無意間為心愛的寵物製造了危險。我送過很多寵物去急診室，原因正是牠們的主人造成的。

飼主們當然不是故意的。這些父母也真心愛他們的寵物。寵物作為如此重要的家庭成員，我們把牠們當作幾乎像是人類，甚至是我們的孩子一樣，但有時真的很難記得牠們畢竟是不同的物種。牠們遵循的規則與我們不同，而且牠們完全依賴我們來維持身心健康。因此，對於會影響牠們的事情保持高度警覺，必須成為我們愛牠們的一部分。

蘇珊・伯科維茨（Susan Berkowitz）是一位醫師兼作家，住在西區八十街一棟磚砌的聯排別墅裡，她與丈夫和年幼的孩子們住在一起。她的氣質是那種過度勞累而忙亂的「都市大地母親」（urban earth mother）* 類型，也是典型的西區人（West Sider）**。她

* 譯注：指注重環保意識、熱心社會公益的女性。

** 譯注：指較關心社區認同與多元文化等事務。

也是哥倫比亞大學的兼職教授，寫過一本關於分娩史的書。她家裡還有四個五歲以下的孩子。

她家前面有一道低矮的鐵欄杆和一扇帶閂的門，必須打開之後才能敲門。當我穿過欄杆門走到正門口時，我聽到了類似一群野狗吠叫和咆哮的聲音，但透過前門透光的薄玻璃，我只看到兩隻狗。這些喧囂的聲音就是由查克這隻黃金獵犬（Golden retriever）和巴克斯特這隻德國牧羊犬（German shepherd）發出的。他們比蘇珊更早衝到門前，想知道是誰來了。

幾秒鐘後，蘇珊這位身材嬌小的卷髮女性，手裡抱著一個六個月大的嬰兒打開了門，對著狗大喊：「安靜！」同時揮手示意我們進屋。當我們走過走廊進入孩子們的遊戲室時，咆哮和低吼聲變成了搖尾巴和親吻。

我掃視一下可以設置器材的地方，但大部分可用表面上都散落著孩子們的玩具、空果汁盒、隨意丟著的鞋子和蠟筆。「抱歉，家裡有點亂，」她說。「因為昨天孩子們沒上學，幸好今天就只有我們兩個，」她對著懷中的嬰兒微笑。

我一邊說著「沒問題」，一邊反射性地撿起樂高積木和小塊積木，這些都是我認為如果被狗吞下去可能會造成窒息的小東西。

查克和巴克斯特又開始興奮地叫了起來，每隻狗都對對方的叫聲做出瘋狂的反應。這些喧鬧聲讓嬰兒感到不安，進一步加劇了混亂。接著蘇珊對著狗大喊，也增加了房間裡的噪音。她拉起上衣對哭鬧的嬰兒哺乳，嬰兒立刻安靜了下來。而當嬰兒和蘇珊都冷靜下來時，也成了狗兒們冷靜下來的信號。

「我讓你自己處理哦，」她輕聲說。「兩隻狗都沒問題。只要幫他們檢查一下，好了就叫我。」

她離開後，我開始檢查巴克斯特，這隻德國牧羊犬有著雄壯的身形，體重約三十六公斤，滿身堅實的肌肉，有著金色、棕色和黑色的長毛。有些德國牧羊犬病患很難應付，但巴克斯特相當配合。他似乎很喜歡我對他的關注，更別提檢查後給他的餅乾了。而且他在我檢查查克的過程中，始終緊緊地跟在我的身邊。

檢查完查克的眼睛、耳朵和嘴巴後，我摸了摸他的下巴檢查淋巴結，結果大吃一驚。下頷淋巴結通常應該小而柔軟，就在頸部的皮膚下，但查克的淋巴結卻像棒球一樣大，而且很硬。我檢查了他身上的其他淋巴結，包括肩膀、腋下和腹股溝等處，都明顯增大且硬化，只是因為長長的金色毛髮覆蓋，不容易看出來。

於是我喊：「蘇珊，妳能下來一下嗎？」

她回到我們所在的客廳時仍在哺乳，她問：「這麼快就好了？」

「我發現查克有點問題。」

她鎮定的臉部表情變了，將幾乎要入睡的嬰兒從胸前抱開，輕輕地放在毯子上。

「妳可以摸一下查克的淋巴結，」我說：「就在下巴這裡。」我將她的手放到正確的位置。

作為一名受過訓練的醫師，蘇珊立刻知道它們不正常。「我怎麼沒發現這些？」

她問。

「黃金獵犬的毛很長，除非妳正好摸到對的位置，不然根本不會注意到。」

「你覺得是什麼問題？」

「我覺得查克得了淋巴瘤，」我說。

那天卡里達是我的助理，就像喜劇《外科醫生》（*M*A*S*H*）裡的聰明角色「雷達」一樣，她總是領先一步，準備好一支注射器讓我抽取異常淋巴結的細胞。我插入細針，快速拉動注射器活塞好幾次，抽取細胞，然後將抽取物噴灑在顯微鏡玻片上。經過染色後，病理學家就可以識別樣本中的細胞，確認是否是我推測的淋巴瘤診斷。

查克沒什麼反應，但蘇珊卻因這個打擊而感到震驚。「如果他真的是淋巴瘤，」她說：「我不會讓他接受治療。我知道人們在治療淋巴瘤時有多痛苦，我不能讓我的狗經歷同樣的事。」

「我們可以一步步來嗎？先等一下結果，然後再決定怎麼做。」

結果在二十四小時內，我便得到了確認：查克確實得了淋巴瘤，這是狗最常見的一種癌症，黃金獵犬則是最常被診斷出淋巴瘤的品種。如果不治療，就會進一步擴散到其他器官，例如肝臟、脾臟、骨髓、骨骼和大腦。及早治療的話，則會有較佳的減輕機會。

在兩天後對查克進行的腹部超音波檢查和全身影像檢查中，並未發現癌症擴散。由於診斷較早且尚未擴散，蘇珊改變了主意同意治療。於是我開始為查克進行化療。

查克接受了L-天冬酰胺酶、長春新鹼、環磷酰胺和阿霉素等藥物——這些藥物也是治療人類癌症的藥物。蘇珊本人作為一名執業醫師，對於這些藥物並不陌生。她經常說，狗和人類不僅會得到同樣的疾病，而且通常也使用相同的藥物治療，這點真是太神奇了。

查克在治療期間的狀況不錯。我每隔三個星期就見他一次，讓他做血液檢查並接受化療注射，他看起來完全像隻正常的狗了。

可惜的是，雖然我們及早發現並立即介入治療，但查克並未達到長期的病情和緩，我只能為他提供一年的高品質生活。當查克的淋巴瘤復發且對化療不再有反應時，我們決定讓他安樂死，以免病情惡化。

蘇珊全家人都非常想念查克，但我知道巴克斯特會最想念他，因為查克是他多年最好的朋友和不離不棄的伴侶。查克去世後，蘇珊竭盡全力給予巴克斯特更多關愛，以彌補他的失落感。她會帶他去做更長的散步，偶爾也在中央公園放開牽繩，讓他和其他狗狗玩耍，這些確實會對他有點幫助。

某個星期一的早晨，蘇珊慌張地打電話給我說巴克斯特的情況：「艾咪醫師，我不知道發生了什麼事，」她說：「巴克斯特的腳腫起來了，呼吸急促，臉也變腫了。他無精打采，今天早上沒吃早餐，還不停地喝水。」

我說：「慢一點，從頭開始說，這樣的症狀持續多久了？」

蘇珊說：「好，應該是從週末開始的。我星期六帶他去中央公園散步稍微久了點，他跟一隻拉布拉多（Labrador）追逐。回到家後，他開始跛行。我以為他可能只是拉傷了腳踝之類的。」

「他還在跛行嗎？」

「沒有了，給他吃了兩顆泰諾之後就好了。」

「什麼？」我脫口而出：「**泰諾**？」

「對，星期六給了兩顆，」她說。「感覺似乎沒什麼起色，所以昨天我又給了他兩顆。」

「他的舌頭現在是什麼顏色？」我趕緊問。

「等一下。」停頓了一陣子後，她說：「天啊，是藍色的！他會死掉嗎？」

就算寵物只長了顆小痘痘，主人也會問這種問題。九九％的情況下，他們的驚慌反應對一些不太嚴重的情況來說確實是過於誇張。然而這次，我擔心可能沒這麼簡單。

我盡量冷靜地說：「蘇珊，妳必須立刻把巴克斯特送去急診。」人類每天可以安全服用最多三千毫克的泰諾。但對狗來說，任何劑量的泰諾都可能有致命的危險性，對貓咪來說更是如此。除了她描述的症狀如臉部水腫外，泰諾還可能導致肝臟和腎臟衰竭或破壞紅血球。它的毒性很高，一顆就能夠殺死一隻貓。」

「我不知道！」她一邊說著，聲音也越來越焦慮。「我看到你用人類的藥物治療查克，我不想再付一次獸醫看診的費用，就給他服用我用來治療人類跛行的藥。」

我沒辦法告訴各位到底有多少人會認為他們可以打開自己的藥櫃，讓寵物服用人類的藥物來為寵物治病。但我曾經見過客戶讓寵物服用人類的心臟病藥物、降血壓藥或布洛芬（這種止痛藥跟泰諾一樣，對寵物來說都是有毒的）時導致的可怕後果。因為蘇珊擁有醫學方面的知識，她以為自己可以處理巴克斯特的跛行。但人類醫師並非獸醫師，寵物也不是毛茸茸的小型人類。所以對人類有幫助的藥物，有可能會結束狗的生命。

由於巴克斯特在幾天前就已經服用藥物，我的選擇非常有限。催吐無濟於事，因為毒素已經進入他的體內。我也無法使用活性碳吸附，因為這些化學物質已經進入他的血液中。經血液檢查證實，他現在患有貧血以及腎的損傷，這些都是泰諾造成的。他必須住院並接受靜脈注射液體，以支援他的腎臟直到康復，還必須透過輸血來治療貧血。

巴克斯特在重症監護室待了整整七天，整個住院費超過五千美元。蘇珊對我說：「很諷刺的是，我給他泰諾是因為我不想多付一次獸醫診療費用。」我沒辦法對她生氣；她已經為自己做的事感到自責了。其實如果她當時打電話給我，或是上網查詢「泰諾對狗安全嗎？」，這樣的事情就不會發生了。

他們一起挺過了這場災難。蘇珊也瞭解到她的學位只讓她具備治療特定雙足動物的資格，她從中學到一個永遠不會忘記的教訓：「並非所有對人類有效的藥物（例如我給查克的化療藥）對動物也安全適用。」她發誓自己再也不會為四條腿的家庭成員治療了。

我的客戶查爾斯．漢普頓（Charles Hampton）是五十多歲的離婚男子，他住在第五大道東六十街區一棟曼哈頓最豪華的建築裡。這座大樓是知名建築師卡本特（James E. R. Carpenter）於一九二〇年設計的，雖然大樓外部立面相對簡單，只由石灰岩色面建成，但一進大廳就能見識它的華麗。六公尺的高天花板、華麗的裝飾、穿制服的門衛，以及匆忙幫訪客搬運行李的搬運工等。大樓只有十一層，每層只有一間公寓。這些公寓非常寬敞，樓板面積達到兩百一十坪，有些甚至擁有十五個房間，所有公寓都能欣賞到壯麗的中央公園景色。最近該建築有一套公寓打算出售，標價是驚人的五千五百萬美元！

不過只看查爾斯先生本人的話，你根本不會想到他來自如此富有的家庭，或是他的家族創立了紐約最大的華爾街投資銀行。他看起來只是一個和藹可親的普通人，穿著隨便，擁有金色頭髮和友善的微笑。他看起來相當迷人，但正如瑞佛斯夫人曾說過的：「擁有那麼多錢的人，每一個看起來都很迷人。」

我從沒見過他在工作的模樣，他在職場上應該是掌控財富和權力的人。我只知道他是寵愛黃金獵犬露西的主人。

每天早上六點到七點，漢普頓先生都會帶露西到中央公園散步。露西的牽繩是可伸縮的。漢普頓先生會把牽繩鎖定在一百八十公分的適當長度，直到抵達公園後，才會放鬆牽繩，讓繩子伸展到九公尺的最大長度。露西精確地知道漢普頓先生何時會鬆開牽繩的鎖，一聽到那個「咔嚓」聲，她就會立刻衝向前方，把牽繩拉到極限，來回奔跑。即使繫著牽繩，她依然跑得非常開心。

根據紐約法律，不論在任何時候，狗兒都必須被牽引在不超過一百八十公分的牽繩上。儘管法律很明確，但長期以來還有一個傳統：警方通常不會對早上九點之前在公園裡牽著長繩或甚至放開牽繩的狗主開罰單。

可伸縮牽繩並沒有快速回拉機制，所以你必須分段拉回牽繩，才能把狗拉回來。這個過程既笨拙又耗時，而且速度很慢，無法在狗距離主人六公尺或九公尺的地方及時將狗拉回。牽繩放太長的狗，可能會跑到街上被車撞、跟騎自行車的人纏繞在一起，或是誤碰到一隻攻擊性強的狗——當這些情況發生時，主人只能無助地看著。這些不幸的事件當然全都發生過，所以我並不喜歡可伸縮牽繩。

某個陽光明媚的日子，漢普頓先生蹓狗結束後，帶著露西走回他們的公寓大樓。門衛上前詢問，讓他停下了腳步。漢普頓先生像平常散步一樣，以反射動作鬆開了牽繩鎖，露西則沿著她平常的路徑，拉長牽繩走向大廳轉角處的一部電梯。

碰巧的是，電梯門正好開著，沒人注意到露西正在轉角處，她像往常一樣走進電梯。電梯門在露西進去後關上，而她卻依然被漢普頓先生手中九公尺長的牽繩牽著，這部電梯被叫到地下室健身房載一位住戶。當門關閉後，電梯開始向下走，而露西依然被牽繩拉著，牽繩另一頭就握在漢普頓先生手中。

當電梯下降大約四公尺時，露西被牽繩拖拉到電梯頂部。由於仍然連接著牽繩，她的項圈被緊緊地拉著。當牽繩手把從漢普頓先生的手中用力扯開並飛到轉角處時，他才意識到出了問題。他立刻追到電梯門口，看到牽繩迅速消失在電梯井中，牽繩手把則撞擊到關閉的門上。

門衛立刻跑去看電梯監視器畫面，只看到露西被項圈懸空掛在電梯頂部驚恐不已，眼睛睜得大大的。幸運的是，就在這個危急時刻，露西的項圈被拉力跟重量給扯斷了，她從約三公尺的高度摔落，掉到地板上。門衛趕緊把電梯召回大廳，電梯門打開後，露西毫髮無傷地走了出來，搖著尾巴看著她的「爸爸」，似乎在說：「哎呀，那真的很不舒服，下次我們還是不要這樣了！」

回到公寓後，漢普頓先生立刻打電話給我，請我過來檢查露西。令人驚訝的是，露西只有頸部有小擦傷，其他部位都沒事。如果項圈沒有斷裂，她可能就會被勒死。儘管奇蹟般地沒事，但電梯車廂必須換上新的紅木面板了，因為露西在頸部被勒住的情況下，驚慌抓撓而損壞了高級木板。

露西除了需要新項圈外，還需要一條新牽繩——這次是一條只有一百八十公分長的牽繩。

某些對寵物有危險的事物，無聲無息地潛伏在我們家中。即使是那些讓我們眼睛一亮，或是使我們嗅覺感到愉悅的事物，也可能對寵物有著致命的危險。幾年前我在春季巡診時發現了這件事，當時我正在客戶薇萊特位於格拉梅西公園區的家中。她是一名律師，也是兩個孩子的母親，家裡有一隻兩歲的貓咪名叫「克洛克」。她告訴我說：「她今天早上已經吐了五次。」

幾個星期前我才檢查過克洛克，她的身體很健康，所以我並不太擔心。**一隻貓嘔吐了？這不過是星期二的事罷了**＊。貓咪吐個幾次，通常並不需過度擔心。雖然看到貓咪做出那個典型的嘔吐姿勢和聽到牠們可怕的嘔吐聲，都會讓人感到不安，但通常這只是「自限性問題」（self-limiting problem）＊＊。

「可能是毛球，或者她吃得太快了，」我說。「我會過去檢查一下以確保沒事。」一整天忙著照顧其他病患，我心裡不禁對去薇萊特家感到有些畏懼。克洛克是隻相當難對付的貓。事實上，克洛克（Croc）便是來自鱷魚（Crocodile）的縮寫。我無法在廚房的檯面或餐桌上為她進行檢查，因為她會把身體盤捲起來，並試圖用牙齒或爪子抓我們的手、手腕和手臂的肉。為了迫使我們放開她，她經常設法讓我們疼痛或流

＊ 譯注：指平凡無奇的事。
＊＊ 譯注：指問題會自行停止或減輕，並不需要特別的治療。

血，而她也經常成功。為了防止她躲藏，我們必須在公寓裡最小間的浴室工作，這樣當我們忍不住想要放開她時，她便無處可藏，方便再次把她抱住。

對可怕的貓咪進行居家診療時，通常壓力最大的便是追捕貓咪，克洛克就是最難搞的貓咪之一。我們上次來的時候，我的獸醫助理珍寧——這位富同理心的千禧年素食主義者，至少曾在三次前世裡是貓——和我一起在小浴室裡被困了四十五分鐘，經歷了四次「捉放」才成功採到一份血液樣本。這真是奇蹟，我們居然沒被貓撕成碎片，我想這得歸功於珍寧，或許是因為她的前世經歷，讓她有對付貓咪的超能力。

陽光明媚的四月天，珍寧和我帶著裝滿檢測設備和可能需要的藥品推車，來到了薇萊特家，準備處理一次常見的胃部問題。我們並不是在花崗岩的廚房檯面上設置器材，而是預期又將迎來一場汗流浹背的浴室摔跤戰。

薇萊特把貓帶了過來，克洛克竟然異常地溫馴。我迅速地把她包裹在毛巾裡，帶她進了浴室，心裡想著「**真好**」**但又覺得奇怪**。當我把她放進水槽裡開始檢查時，她實在太過安靜，不像以往那樣試圖傷害我們，而是順從我們的所有操作，包括抽血在內。克洛克因為嘔吐而脫水，所以我為她注射輸液和止吐藥物。克洛克沒有表現出任何反應，連一次都沒試圖咬我。這不是我所熟悉的那隻火爆貓咪，她一定真的生病了。

檢查完畢後，珍寧收拾器材，我進入客廳準備跟薇萊特談談，詢問一些偵探會問的問題。我希望能找到一些線索，來解釋克洛克的症狀和性格變化。不過在我開口之前，我就已經聞到潛在的原因，接著我看到了——它就放在客廳玻璃茶几正中央。

「很驚人的一束百合花，」我指著桌上那束白色喇叭形、橙色花藥點綴其間盛開的百合花，大約有二十朵。

「謝謝，」她說。「這是我上個週末為了復活節派對買的。」

「所以這些花放在這裡已經整整一個星期了？」我心痛地問。

所有的百合花，尤其是復活節百合（Easter lilies，鐵砲百合），對貓咪來說是致命的。如果貓咪咬了百合花的任何部位一小口——莖、葉、花朵、花粉——幾乎都會導致不可逆的腎衰竭。許多吃了百合花的貓咪會死掉，而那些倖存下來的貓通常是進行了及時而強烈（非常昂貴）的醫療處理，像是住院透析、腎臟透析或腎臟移植等。

我檢查了整束花，果然看到花瓣和葉子上面有貓咪牙齒咬過的痕跡，還有幾片撕裂的花瓣散落在茶几上。「妳有看到克洛克在咬這些花嗎？」

「她喜歡咬我的花，」薇萊特笑著說。「我通常會用檸檬水噴它們，但有時效果不好。克洛克實在太調皮了。」

「很抱歉要告訴妳這個消息，克洛克必須馬上送醫。」**如果她這整個星期都在啃食百合花的話，那就為時已晚了**。

薇萊特顯然被嚇到了，儘管我們還沒收到血液檢查結果，但她立刻遵照我的指示把克洛克送到附近的動物急診醫院治療。僅在幾個小時後，急診檢查結果已經確認克洛克是因為吃了百合花而中毒。更糟的是，她的腎臟已經受到相當嚴重的損害，以至於即使立刻進行激烈的治療也無法挽回生命。

像克洛克這樣活潑的貓咪突然變得順從，對我來說是一種特殊的心痛狀況，因為這通常表示牠們已經病入膏肓。在這種情況下，我真心希望牠們能再試圖咬我。這些愛發火的貓咪，對那些牠們所愛的人來說，多半是非常親密的甜心。牠們是被珍愛的家庭成員，會依偎在主人身邊打呼嚕，伸展成各種有趣的姿勢。牠們有充分的理由討厭我：因為我總是拿針刺牠們。雖然我不喜歡被當成討厭的人，但我能理解牠們的感受。

克洛克是隻年輕的貓咪，也是深受喜愛的家中成員，她至少應該還有十幾年的快樂生活，但她的生命卻被主人無意中帶回家的一束美麗但致命的花朵給斬斷了。

在某些文化中，百合象徵著生命和重生，但在我的世界裡，百合應該被貼上骷髏和交叉骨頭的標誌，用來警告它們對貓咪的危害。有很多植物被稱為「有毒」植物，因為動物食用後可能會生病，像是引起胃部不適或腹瀉等。但這種簡單說法與百合毒性所帶來的幾乎確定的死亡相比，簡直是差太遠了。沒有貓咪應該因為只是輕嚼了媽媽的漂亮花束而死去。

我從事獸醫工作以來，一直在推動反百合運動。如果你家裡有貓咪又有百合花的話，請做個選擇，只保留其中一樣——當然是保留貓咪。而你既然選擇了貓咪，就請幫牠準備一些貓草讓牠啃食。你可以選擇蘭花，那不僅對貓咪無毒，你也能盡情欣賞。

「糖糖」是一隻三歲的貓，我從她還是小貓時就認識她。直到發生事情的那天之前，她從未生過病。她的母親南西經常打電話向我詢問有關飲食、貓砂、遊玩習慣等問題。她會瀏覽貓咪的相關網站，然後得出不少奇怪的想法，甚至覺得沒什麼不對。例如她會問我「我應該只給糖糖喝瓶裝水嗎？」，或是「哪種毛梳最好？」「她到底需要幾小時的睡眠？」我認為這些問題都還算不錯，雖然未必需要由獸醫來解答。儘管糖糖是隻照顧起來讓人感到愉快的貓咪，但南西有時還真讓我頭痛。這次，南西打來的電話並不是又問我一百個問題，而是告訴我感覺糖糖不太對勁。她說：「她有些奇怪的舉動，幾乎每天都會進入一種恍惚狀態。她的眼睛會變得無神，一直盯著牆壁喵喵叫上一陣子，然後就開始亂跑，跳到家具上，身體東倒西歪的，還一直流口水。看起來真的很可怕。你覺得她可能得了狂犬病嗎？」

「這些症狀會持續多久？」

「大約半小時，然後就會恢復正常。」

這種症狀確實很奇怪，而且我當下還無法判斷到底是怎麼一回事。不過我知道那並不是狂犬病。這會不會是中樞神經系統問題、代謝問題、寄生蟲、膿腫或是腫瘤呢？這些對於一隻年輕貓咪來說都不太可能，不過她所描述的症狀也確實很不尋常。

我去了南西位於東村的公寓，發現她真的非常擔心。糖糖剛開始看起來很健康，我進門時她走過來磨蹭我，並發出呼嚕聲。我對糖糖進行了全面的檢查，特別注意她的中樞神經系統，尋找任何可能有助於診斷的線索。

我心裡想，**她看起來很正常啊**，但同時也感到困惑。當然，有無數種可能的疾病，例如癲癇就會導致這種間歇性的問題，我必須把測試的優先順序排定。有一種血管結構異常類型的罕見肝臟疾病，也可能導致貓出現像南西描述的這種偶發症狀。

「從我對她的身體檢查來看，並沒有發現任何異常。我會採集一些血液和尿液樣本，看看是否有代謝疾病的可能性。」

「我可以在檢查前和她單獨待一會兒嗎？」南西滿臉焦慮，搓著雙手問道。

「當然可以。」我回答。

南西抱著糖糖走進廚房。我聽到她哭著對糖糖說：「拜託，別生病，別出事。只要能讓妳健康，我什麼都願意做。求求妳，我真的好愛妳。」

我的獸醫助理莎莉和我對看了一眼。憑我們多年的合作默契，無需多說什麼便能傳遞清楚的訊息。莎莉是一位非常出色的獸醫助理，我剛認識她的時候，她在獸醫護理中心工作。後來她為了移居阿拉斯加的夢想，離開了紐約。最後她又搬回東岸，加入我的診所。由於長期的合作，讓我們形成一種即時的默契。

莎莉透過眼神傳遞的訊息是：「**我知道這個女人有點怪，但我能理解這份愛。**」我則默默以眼神回應：「**是啊，我也懂**。」

當莎莉準備好抽血設備時，我輕輕敲了敲廚房的門說：「我們準備好了。」

我一走進廚房，立刻就注意到糖糖的眼神開始變得渙散無神。接著她發出一種奇怪的嚎叫聲，然後開始從嘴的一側流口水。我彎腰想把她抱起來的時候，糖糖進入了南西描述的那種「亢奮期」。她衝出廚房，在公寓裡狂奔，跳上跳下，簡直就像卡通角色一樣。我們眼睜睜地看著她又跑回廚房，跳上料理台，直接撞翻一個瓷製的香料罐，罐子掉到地上摔得粉碎。

我趕緊大喊：「快，抓住糖糖，別讓她割傷腳！」然而，糖糖已經在碎瓷片和香草裡打滾，完全不讓我們靠近。等糖糖完全陷入遲鈍的呆滯狀態時，我才得以把她抱起來，遠離破碎的瓷片。

南西歇斯底里地喊著：「看吧？我沒瘋吧？糖糖真的有問題！」

「妳說得對。」我回答。「我們先把罐子和這些牛至（oregano，一種義式香料）掃乾淨，免得糖糖再度發作。」

「哦，那不是牛至，」南西糾正我。「是我剛買的一種特製有機貓草。我在網路上看到的。」

貓草（Catnip，貓薄荷）是一種廣泛認為是「貓咪專屬大麻」的植物。它確實有鎮靜效果，對某些貓來說甚至會引發幻覺。「糖糖吃了貓草？」我問她：「她吃多久了？」

「這批貓草是兩個星期前買的，她非常喜歡。」南西回答。

「妳多久給她吃一次？」我追問。

「不一定哦，」南西說。「要看她有多緊張。就像剛才，為了讓她冷靜下來準備抽血，我給了她一大把。」

莎莉憋住笑，而我只是翻了翻白眼。

我很慶幸自己沒有急著為糖糖安排脊髓穿刺或是其他侵入性檢查，這裡根本沒有什麼醫療方面的問題。這隻可憐的貓完全是因為她的主人和網路，而被貓草弄得醉醺醺的。原本是我的診斷史上最棘手的一個挑戰，瞬間找到最簡單的答案。

而有一點似乎顯而易見——「有機」確實更勝一籌。

8 人類的惡行
Humans Behaving Badly

小學四年級時，我有一個心愛的魚缸。我用彩色小石子和塑膠水草，鋪滿這個三．五公升的水族箱箱底，為我從寵物店買來的六條斑馬魚（zebra fish）打造了一個既美觀又舒適的家。

店員建議我養斑馬魚，是因為牠們容易照顧，最適合新手。他賣給我三隻公魚和三隻母魚，但我分不出牠們的性別。過了幾週，我注意到有幾條魚的肚子變得圓滾滾的，最後牠們在彩色小石子中產下卵，公魚則負責受精，這可是真實上演的小四生物實驗課！幾天後，數不清的小斑馬魚在魚缸裡游來游去，我就這樣成為一位十歲大的「祖母」了。

放學回家的路上，我經常去寵物店購買飼料和用品，順道欣賞其他種類的魚。由於小魚們已經長得幾乎和成年魚一樣大，所以我還得買大量的冷凍蚊子和孑孓來餵牠們。每次去寵物店，我都被一個裡面有條漂亮神仙魚的醒目魚缸所吸引。那條神仙魚的形狀和大小就像一片多力多滋，身上有迷人的黑銀垂直條紋。我想，這條神仙魚和我那些水平條紋的斑馬魚游在一起，一定十分相配。

不過這條神仙魚價格不菲——要價約二．九九美元（台幣約一百五十元），這可要花光我一整個星期的零用錢。但我最後還是下定決心買下牠。

那天的店員剛好是我沒見過的人，他把那條神仙魚放進一個塑膠袋裡，然後用一條粉紅色橡皮筋封口。他告訴我，要讓袋子浮在水面上一個小時後，再打開袋子把神仙魚放進魚缸。我按照他的指示，準確完成後看著新魚在水中游動了一會兒，就去寫我的功課、和家人一起吃晚餐，最後上床睡覺。

隔天早晨，我衝到魚缸前查看我的新魚過得如何。牠還在，游得好好的——但只有牠！這條神仙魚是魚缸裡唯一的魚！所有的斑馬魚都不見了。

我震驚又恐懼地大叫：「神仙魚把所有魚都吃掉了！」

那些斑馬魚是我的朋友。幾個月以來，我一直用心照顧牠們，精準地控制飼料份量，刮掉魚缸上的藻類，清理過濾器，並加入適量化學藥劑以保持水質清潔。如果不是我把這隻怪物帶回家，牠們本來可以繼續快樂地過著牠們的魚生。

我心痛不已，哭得聲嘶力竭，對媽媽抽泣著說：「都是我的錯。」

媽媽安慰了我，但她能做的也有限。我並不責怪那條神仙魚，因為牠只是遵從了自己的天性。是我買下了牠，並把牠放進斑馬魚的魚缸裡。所以我認為是我害死了這些魚朋友。對孩子來說，這是相當沉重的負擔。

自此之後，我把神仙魚的名字從「天使」改為「惡魔」，雖然我再也無法愛上這條魚，但我仍然照顧牠直到牠的生命結束。因為當我把那三張皺巴巴的美元鈔票交給店員時，就承諾了這份責任。那位陌生店員沒有詢問我的魚缸狀況，更糟的是，他也沒有提醒我神仙魚是混養魚缸中最具掠食性的熱帶魚。如果他當時有提醒我，我絕對不可能買下牠的。

魚缸裡的斑馬魚滅絕事件，教會我幾個寶貴的教訓。最重要的是，如果你決定把動物帶入自己的生活中，就必須學習照顧牠們的最好方式。其次，作為一名獸醫，我也會指導養寵物的家庭，讓他們知道如何維持寵物健康。那間寵物店當時沒有教導我這件事，但我下定決心，絕不能讓我的客戶發生同樣的事情。

在我的獸醫生涯裡，這個信念始終如一。當我向飼主建議如何為寵物提供最佳照顧時，如果他們不聽，情況就會令人沮喪，甚至令人非常生氣。比較合適的比喻就是當店員告訴我說：「如果你把這條神仙魚放進魚缸裡，牠會吃掉你的斑馬魚。」而我卻回答他說：「不，我相信不會有問題。」

不，真的不會沒問題。

你可能認為沒有人會故意讓自己的寵物陷入危險，然而事實是人們經常這麼做。最令我憤怒的就是那些「明知故犯」、忽視寵物利益的人，因為這種行為通常對他們有道德義務照顧一生的動物，造成災難性的後果。

在我開始進行居家診療的九個月後，我在一個美麗的五月天，依約去到一位新客戶的家，為他們的兩隻貓進行年度健康檢查。當我和喬治抵達時，門衛撥通客戶的電話，通報我們的到來。

「您希望他們搭北邊還是南邊的電梯？」門衛問住戶。「還有，他們要搭到哪一層？十五樓、十六樓，還是十七樓？」

當我們搭專屬電梯上到指定好的十七樓時，我的腦袋快速地運轉著：一座三層樓的頂層豪宅，每一層樓都有整棟建築的面積，並且都有俯瞰中央公園的景觀？簡直就是一座空中宮殿。雖然當時我才剛開始做到府居家診療不久，但我仍然知道這樣的住家在曼哈頓相當稀有。

電梯門打開便通向公寓的宏偉客廳。現在回想起來，這個房間有著巴茲．魯曼（Baz Luhrmann）電影《紅磨坊》（*Moulin Rouge*）那種誇張狂熱的風格。房間色彩繽紛斑斕又略顯混雜，牆面覆蓋著深綠色壁紙，上面點綴著異國花鳥。巨大的空間充滿了各種吸引眼球的裝飾：一座一百八十公分高的大象雕塑（身上披著印度紗麗的大象）；一隻巨大而閃亮的傑夫．昆斯（Jeff Koons）藍綠色氣球狗雕塑；以及一系列昂貴的家具。房間裡有一張丹麥現代風格的躺椅、一張流行藝術風格的壓克力咖啡桌，還有一張巨大的洛可可風格紅色絲絨沙發，沙發扶手上掛著金色流蘇。沙發上放著兩個大靠枕，上面分別繡著「皇后坐這裡」和「國王坐這裡」。

一位留著俏麗金色短髮的女士走過來，伸出健美的手臂迎接我們。我猜她就是

「皇后」了。她的身材嬌小，相當具有魅力，而且健美得令人難以置信。

她對另一個房間喊：「**國王**，來客廳，獸醫來了。」

「來了，皇后！」

她的丈夫走了進來，身後跟著兩隻可愛的貓。他自我介紹可以叫他唐，他也同樣非常迷人而且擁有難以置信的健美。

他們居然在我們面前毫不羞澀、也毫無諷刺意味地互稱「國王」和「皇后」。我不敢和我的助理喬治對看，怕自己會忍不住笑出聲來。

他們的兩隻貓，分別叫「烤牛肉」和「麵條」（竟然不是叫「王子」和「公主」）輕輕磨蹭著我的腿。我彎腰摸摸他們的下巴，「烤牛肉」這隻大黑白貓立即翻身側躺，露出圓滾滾的肚子，並發出響亮的呼嚕聲。

樓下傳來另一個聲音呼喚貓的名字，兩隻貓立刻跑下樓去。

貝蒂笑了起來：「波莉大概在樓下覺得孤單了。他們兩個總是一聽波莉呼喚就跑過去。」**波莉是誰？也許是管家**？看到我臉上的疑惑，她對我解釋說：「波莉是我們家的鸚鵡。」

就在這時，波莉登場了。這是一隻色彩鮮豔如彩虹般的大鳥，彷彿剛從壁紙裡飛出來一樣地飛進房間，停在一根窗簾橫桿上，身後則是跟著小跑進來的兩隻貓。貝蒂哄著鸚鵡進入金色籠子中，然後靠著「皇后」的靠枕在沙發上坐了下來，唐則坐在「國王」的靠枕旁。

「請坐吧，」貝蒂示意我坐到對面的洛可可風躺椅上。「我們來聊聊貓的事。」我坐下後，目光馬上被落地窗和推拉門吸引住了。窗外是一個環繞房子四周的露台，種滿了美麗的花草樹木。

我開始解釋我的到府居家診療服務以及整個檢查流程。然而，當我與「國王」和「皇后」交談時，我注意到「烤牛肉」悠閒地從我們身邊走過，穿過打開的推拉門，直接走到露台上。「麵條」緊隨其後，兩隻貓開始在露台奔跑嬉戲。

我還來不及說什麼，「烤牛肉」已經跳上露台護牆，護牆距離地面的高度至少有六十公尺，兩隻貓就這樣在護牆上跑了起來。

「**天啊！你的貓在露台上！**」我大喊並起身，跑向推拉門。

貝蒂皇后說：「放輕鬆，他們一直都這樣玩，他們很喜歡在外面玩，所以我們把門打開讓他們自由進出。」

「不！不可以這樣，這樣非常危險。」

「**沒事的**，我們一輩子都在養貓，也一直這樣放他們出去玩。」

雖然我張嘴試圖再勸說一次，但從她臉上的表情可以看出來，這場討論已經結束了。

也許過去他們一直都讓露台門敞開，也從未出過問題，但這並不代表對他們的貓來說這樣做是安全的。每年春天的第一波好天氣來臨時，住在高樓大廈裡的紐約人會打開窗戶和陽台的門，導致幾百隻寵物——主要是貓，不小心摔落到地面遭受嚴重傷害，甚至當場死亡。

一九八七年，也就是距當時五年前，我還是動物醫療中心的實習生時，中心裡的兩位外科醫師就在《美國獸醫醫學協會期刊》（*Journal of the American Veterinary Medical Association*）上發表了一篇極具創新性的研究，*首次提出了現在稱為「高樓症候群」（High-Rise Syndrome）的概念。當這份報告首次公開時，人們都震驚不已，還以為作者是在醫院裡把貓從窗戶丟出去的。當然不是！這是因為在當時，動物醫療中心是紐約唯一一家全天候開放的動物急救醫院，因此大多數這類病例都會送去那裡。他們統計了五個月內的數據，發現從高樓窗戶、陽台或露台墜落而遭受重傷的貓總共一百三十二隻。

其中一項重要回溯研究發現：貓從高樓墜落後的存活率取決於墜落的高度。貓具有獨特的自然「翻正反射」（righting reflex），亦即牠們能在空中扭轉身體，讓四肢朝下準備著地。如果貓從六層樓或再高一點的高度墜落，通常還有足夠時間翻正並達到「終端速度」，也就是說墜落的加速度會停止。此時牠們的身體會放鬆，並以四肢著地。牠們雖然可能存活，但也可能遭受骨折、挫傷、休克或內臟破裂等傷害。令人驚訝的是，從不到六層樓的高度墜落反而更危險，因為貓沒有足夠時間翻正和放鬆，導

* 原注：惠特尼（Wayne O. Whitney）和梅爾哈夫（Cheryl J. Mehlhaff），〈貓的高樓症候群〉，刊於《美國獸醫醫學協會期刊》第一九一卷第十一期（一九八七年十二月一日），一三九九—一四〇三頁；勘誤刊於《美國獸醫醫學協會期刊》第一九二卷第四期（一九八八年二月十五日），五四二頁。

致撞擊時受到的傷害更嚴重。而從更高樓層墜落的貓（如十七層樓以上）並未納入研究範圍，因為這些貓通常會直接死亡，無法送到動物醫院接受治療。

作為動物醫療中心的實習生，我至少見過十起貓的高樓症候群病例，其中大多數需要緊急且昂貴的治療。而令人難過的是，有些存活下來的貓由於傷勢過重，最人道的選擇就是安樂死。這些貓多半年輕且健康，平均年齡只有兩歲半，牠們只是在做貓的天性會做的事：探索、玩耍、在窗台上休息或試圖捕捉飛過的鳥。牠們經歷的痛苦與折磨、昂貴的手術以及過早的死亡，完全可以透過飼主簡單地關閉窗戶和拉門來加以避免。

這篇論文早在我第一次造訪國王和皇后的天際奇幻宮殿之前就已發表，但它仍鮮明地留在我的記憶中，尤其因為史蒂夫最近的經歷更加深了印象。大約幾個星期前他在第五十七街行走時，一隻從高樓墜落的貓，伴隨著令人心驚「啪」的一聲，墜落在他面前的人行道上，當場死亡。僥倖的是，這隻墜落的貓並未砸傷路人。

史蒂夫立刻回家擁抱並親吻了米斯凱特，還檢查了所有窗戶是否緊閉。由於親眼目睹這場悲劇，他花了很長的時間才平復心情。

很抱歉做了如此詳細的描述，但人們必須摒棄「貓從高處墜落可以毫髮無傷」的迷思。不管我們認為貓有幾條命，牠們從三十公尺以上的高度墜落到混凝土地面，絕對不可能安然無恙，就算僥倖存活也是極為罕見的事。

在醫院工作的獸醫，通常無法知道客戶是否住在帶有露台的公寓，也無法得知他們是否會打開窗戶，甚至不會想到要主動詢問這些事。但作為一名出診獸醫的好處就是：我可以親眼目睹客戶家中潛藏的寵物危機，並有機會檢視病患的生活環境，掃視是否存在危險，然後向飼主提供建議，防止潛在的悲劇發生。

唯一的問題就是：那些拒絕聽從我警告的客戶。

我繼續嘗試說服貝蒂皇后與唐國王：「請聽我說，一年當中會有幾百隻貓因高樓墜落而死亡或重傷。我親自治療過太多這類案例。您只需禁止他們進入露台，就可以輕鬆地防止這種事情發生。」

「他們很喜歡這樣玩，我不會阻止他們的。」唐宣布了這道皇家命令。

由於當時我開始做出診獸醫才幾個月，總是擔心隨時會失去客戶，尤其貝蒂和唐這樣擁有多隻貓咪並且認識許多養寵物鄰居的富豪客戶，我更是想要維持好關係。很顯然地，他們對於怎樣飼養動物有非常堅定的看法。雖然我早就下定決心「絕不讓我的病患像當年的天使魚那樣出事」，但在這種情況下，我還是缺乏足夠的勇氣堅持己見，因為我害怕因此失去這些客戶。

時至今日，我非常後悔當時沒有說出以下這些話。我應該說：「你的貓真的很可愛，我喜歡他，我希望他能夠活到很老。」或者更強硬一點：「如果你不把門關上，並持續保持關閉的話，我就不再擔任你們的獸醫！」

然而當時我的舌頭打結了，什麼也沒說。完成了烤牛肉和麵條兩隻貓的檢查與疫苗接種後，我繼續出診照顧他們，而且每次到他們家時，露台的門總是開著。後來烤牛肉成了我最喜愛的病患之一，每次為他治療時，只要開始撫摸他，他就會做出迷人的「翻滾並咕嚕叫」的可愛動作。

兩年後，在另一個美麗的春日，貝蒂打了電話過來。「艾咪醫師，我有壞消息。」她的聲音中帶著哭腔，我可以聽出她已經哭過了。「烤牛肉死了。」

我的胃一沉。「天啊，發生了什麼事？」我已經猜到她接下來會說什麼了。

「我到處找不到他，後來門衛打來電話說，烤牛肉的屍體在人行道上。他從露台掉下來，摔落在第五大道上。」

「真的很難過，」我說。「他是那麼可愛的孩子，我會懷念他的。」

天啊，真是浪費生命！我感到憤怒和難過，但在電話中我壓抑了這些情緒，因為我本來就不會在悲劇面前譏諷別人。下次我去看麵條時，露台門終於關上了。這家人付出了慘痛的代價，終於學到教訓。

那次事件之後，每當我進入客戶家中，一定會檢查窗戶、陽台和露台門是否關閉、是否有防護網，或者如果必須打開的話，是否只開一條小縫。自從烤牛肉去世後，如果客戶拒絕聽從我對保護寵物免受高樓墜落事故的建議，我就會拒絕再當他們的獸醫。我因此失去了一些客戶，但我並不後悔，因為我沒有失去病患。失去一位在醫學上無能為力挽救的病患，已經夠令人悲傷了，所以我不會再讓另一隻寵物，死於一場本可以避免的事故。

有很多原因讓客戶拒絕我對保護寵物免受可預防事故的良好建議。有時可能是因為他們認為寬容就是愛，例如讓貓咪在露台上玩耍是因為他們希望貓兒開心。但有的時候，我的訊息可能因為客戶過度的自負而沒被好好接收到。

例如有次我和喬治出診到第五大道一棟美麗的雙層公寓，我們走進白色大理石玄關，看到一座通向二樓的優雅彎曲樓梯，以及牆上掛滿的當代和後現代藝術。得知我的新客戶珍．塔博（Jane Tabor）是位當代藝術經銷商時，我很快就理解為何這些藝術品會有這樣的質和量了。

珍帶著我們穿過那間中世紀現代風格的餐廳，走過一扇雙開搖擺門，進入一個大廚房，廚房中央有個巨大的中島。這個廚房比我住過的第一間公寓面積還更大。那座花崗岩中島成了我的檢查台，我把耳鏡、檢視鏡、聽診器以及我需要的所有設備整齊擺開，準備為一隻新看診的小狗做檢查。

我總是建議新來的幼犬或幼貓應該盡快帶給獸醫檢查。雖然並不常見，但我偶爾會發現需要大量治療的先天問題，預示這隻寵物無法過上正常的生活。所以最好讓客戶立刻知道這些問題，讓他們決定到底要繼續飼養或是立刻退回給繁殖者，而不會過早建立情感聯繫。大部分繁殖者都會接受退回的寵物，並提供另一隻。然而跟寵物在一起幾天後，家人通常會愛上牠們，無法將其送回。

小「洛拉」已經和珍及她的丈夫理查一起生活了一週，他們並未發現任何問題。珍帶著洛拉進廚房，看她抱小狗的樣子，顯然已經完全愛上了洛拉。

我心想：「**請不要讓洛拉有任何問題**，」然後開始檢查這隻不到一公斤重的貴賓狗。在進行標準檢查的過程裡，我向珍演示了她每天應該做的事，協助小狗習慣被觸摸，以便飼主可以提供適當的衛生照顧，內容包括：擦拭洛拉的眼角，清除睡覺時積聚的眼屎；翻開耳朵檢查顏色和氣味是否正常，並擦除任何可見的耳垢；還有幫洛拉刷牙。

然後我開始檢查她的眼睛、耳朵、牙齒等部位。完成這些基本檢查後，我戴上聽診器，開始聽洛拉的心跳狀況。

小狗的心跳非常快，我必須集中精神聽清楚每次的心跳聲音，以確定其節奏和聲調是否正常。心雜音是異常的聲音，就像人類一樣，可能代表先天性心臟病的存在。對於心雜音的描述和位置，都是判斷潛在問題的重要資訊來源。

我仔細聆聽洛拉的心跳，聽到了一個響亮的「嗚嗚」聲，這種聲音在獸醫教科書中形容為洗衣機的聲音，跟一種先天性心臟缺陷有關。如果洛拉被確認有這種情況的話，就必須進行一種困難且昂貴的心臟手術來嘗試矯正，但手術並無法保證能成功修復。

我慢慢放下聽診器並對珍說：「我恐怕發現了不該出現在年輕小狗身上的問題，」她的眼睛瞪得大大的。「洛拉有心雜音。這種類型的雜音跟先天性心臟缺陷有關。為了確定具體病情，必須帶洛拉去找心臟病專科的獸醫，做心臟超音波檢查。」

珍又驚又慌地問我：「很嚴重嗎？」

我必須坦白地對她說：「可能很嚴重，但在洛拉做完超音波檢查之前無法確定。」

她突然泣不成聲：「洛拉會死嗎？」

「我需要更多訊息，一旦檢查完畢，我就能解釋問題所在，並告訴妳可能的治療選項。」

珍完全崩潰了，開始放聲大哭。她用手捂住臉，抱著小狗跑出房間。

我看了看喬治，他點頭說：「你必須告訴她這件事。」

我當然得告訴她。這次上門檢查的目的就是收集訊息，讓飼主瞭解新寵物的健康狀況。雖然這是我該做的事，但我仍然覺得很難過，因為我讓她這麼難過。這個案例也可能沒那麼糟，但我需要有心臟超音波的結果來確定。等了大約十分鐘，我不知道珍還會不會回來，所以我對喬治說：「我們開始收拾吧，我待會兒再打電話告訴她心臟病專家的名字。」

喬治和我正在收拾最後一點器材時，一個大個子男人突然衝進廚房。他的身高超過一百八十公分，滿頭灰髮，臉紅得像火燒一樣，怒氣沖沖地走了進來，讓我不禁退後了一步。他把手指指向我，對我大吼說：「**你怎麼敢**診斷我的狗有致命的先天性心臟病！**你怎麼敢**說她會死！」

「我沒說……」

「**你**對心臟病學知道什麼？**你**對心臟瞭解多少？」他大聲吼叫，聲音大得讓我耳朵發疼，口水還濺到我的臉上。

喬治站在我旁邊，把手放在我的肩膀上。「先生，艾咪醫師並沒說您的狗確診心臟病。他只是聽到了心雜音，建議為洛拉做心臟超音波檢查。」

我很感激喬治的支援，因為這個男人比那隻得了角膜潰瘍的羅威納犬更讓人感到害怕。

「你**根本不懂**心臟病學！」他怒吼著：「我一定知道得比你更多，是我發明了第一個心臟瓣膜！你這個糟糕的獸醫，醫患溝通差得無藥可救。我的妻子因為你剛才告訴她狗幾乎死定了，哭得眼睛都紅了。」

「再說一次，先生，我**沒有說**你的狗會死。我只是聽到了心雜音，告訴她必須做心臟超音波檢查，才能清楚問題所在。」

「別跟我說心臟超音波！我**什麼都知道！我發明了第一個他媽的人工心臟瓣膜！**」

我找不到任何話可以安撫這個情緒失控的男人。我的心跳得非常快，心臟幾乎要從胸口跳出來，我可能在這一切結束之前就需要他的人工瓣膜了。如果他真是發明了先進心臟醫療設備的人，那他對心臟的瞭解一定很多，說不定他還解剖過無數顆人類的心臟。然而我聽過上千隻狗的心跳，絕對能辨識出心雜音。他有經過**獸醫**訓練嗎？

他有聽過洛拉的心跳聲嗎？

然而這一切疑問都不重要。他的妻子因為我告訴她的事情而崩潰。所以原因一定出在我，並不是狗的醫療問題。

他下了逐客令：「立刻滾出我家！」

他不必說第二次，我們馬上就離開了。在電梯裡我問喬治：「我說錯話了嗎？我以為我已經夠體貼客戶，又把問題解釋得很清楚了。」

他安慰我說：「你完全沒錯！這就是那種『斬信使』的故事。」

但我還是忍不住想，我能否處理得更好。

那天下午，我在他們的答錄機上留了一位心臟病專科獸醫的姓名和聯絡電話。雖然沒人回電，但作為轉診醫師，幾天後我確實接到這位心臟專科醫師的回覆，得知他已經見過洛拉，並診斷出我所懷疑的嚴重先天性心臟缺陷。不過我已經不再是洛拉的獸醫，因為繼續參與這個病例並不合適。我不知道他們是否決定修復這個心臟缺陷，或是把洛拉退回給繁殖者。雖然我為洛拉的心臟病情感到難過，但也很高興我的發現得到了確認。

時間快轉到十年後。有次史蒂夫和我以及我們的摯友瓦妮莎和詹姆斯，一起去看百老匯的戲劇。中場休息時，我們去大廳喝飲料。瓦妮莎和詹姆斯顯然遇到了他們的朋友，當我看著他們互相擁抱和親吻時，詹姆斯叫我們過去介紹彼此認識，我差點因為驚訝而被汽水嗆到——他們的朋友竟然是珍和理查。

他們微笑著對我示意，幸好沒有一絲認出我的神色。

當他們四個人開始聊天時，我捏了一下史蒂夫的腿。他轉過頭來，給我一個「怎麼了？」的眼神。

我把他拉到旁邊幾步遠處，低聲對他說：「這人就是心臟瓣膜那個人。」

他愣了一下才想起來。「就是對你大吼的那個？」

「他們完全不認得我。」

看完演出後，我們和瓦妮莎、詹姆斯一起去吃晚餐，我告訴他們關於理查崩潰大吼的故事。詹姆斯說：「他們確實有一隻小狗死於心臟病，我想大約是十年前的事吧。我喜歡這傢伙，他是個出了名的超級混蛋。」

我同意。

時間又過了十五年，卡莉達接到來自珍的一通約診電話，地址依然是預約系統裡記錄的那個第五大道地址。塔博夫人詢問說：「我從朋友那裡聽說了你們的到府看診服務，請問你們現在還接新客戶嗎？」

卡莉達回答說：「我們接受新客戶。」但其實她心裡想的是我們也接**老客戶**呢，因為她查到他們過去的那筆紀錄。於是卡莉達為他們家新來的玩具貴賓（toy poodle）小狗，安排了一次健康檢查。歷史即將重演。這次，當我到達同樣的公寓，看見牆上依舊掛滿了美麗的藝術品時，我向珍自我介紹，彷彿我們從未見過面一樣。她不知道是真不記得我，還只是裝作不記得。不過這次是好消息，他們家的新狗很健康。

當我準備離開時，理查穿過那扇雙開搖擺門，對著我微笑。他當時已經接近八十歲，看來時間讓他變溫和了，他變得非常親切。

我這些年經常去他們家，他們和我都從未提過那個激烈的初次會面，更別提塔博先生的大吼了。所以，他也從未對我說過：「你當時說的對，洛拉的事確實是我錯了。」不過那是很久以前的事了，我也不再需要他的道歉。而且珍後來變成一位忠實且出色的客戶，完全聽從我給出的每一條建議。

富蘭克林家的這對中年夫婦，住在東九十四街和麥迪遜大道附近，幾乎就是「寵物囤積者」。每隔大約六個月，他們就會打電話來說他們又領養了一隻狗或貓，這讓他們的動物總數達到了**八隻**。這對一間兩臥室的公寓來說，真是有太多的毛髮需要吸塵器清掃了。

每次這對夫婦領養了一隻新寵物，富蘭克林太太總會宣稱那隻寵物是「我一生的摯愛」！而富蘭克林夫婦的表現也確實如此。他們對待動物如同對待人類孩子一樣，寵愛牠們、溺愛牠們，給予牠們無盡的愛和關懷。

有一次我和喬治來這裡為一隻年老且長期便祕的暹羅貓（Siamese cat）「壽司」，進行每月例行檢查時，遇到了非常興奮的富蘭克林太太。

「我迫不及待要告訴你們一個奇蹟！」她說。「我和我丈夫嘗試懷孕了近二十年，經過這麼多年的努力，我終於懷孕了！」

「恭喜你！」我說：「我真為你們高興！」

「謝謝！寶寶很健康，我的身體狀況也很棒。我們迫不及待要在幾個月後迎接她進入我們的生活中。不過我們確實有個問題。」

「什麼問題？」我問。

「我們必須把所有動物都送走，」她說：「希望你能幫忙牠們找到家。」

什麼?! 你不能從一個寵物囤積者，突然變成想把所有寵物全部趕出門的人！

「不不不，這沒必要，」我說：「我去居家診療的家裡，九〇%都是孩子和寵物共存的家庭。孩子能在動物陪伴下成長是件非常好的事。」

她堅持說：「我們不打算這樣，我們不希望寶寶和動物生活在一起。」

「我可能是最早跟你們說這個的人，」我再次嘗試說服她：「大家會說『不要讓寶寶單獨和動物待在一起』，或是你們可能聽過『貓會不小心悶死寶寶』，但這些都是都市傳說。如果妳小心謹慎，寶寶和動物會相安無事，而且他們會互相喜愛。」

但富蘭克林太太根本不想聽我的勸說。「如果你不幫我們把牠們送走，我們就只好把牠們帶到美國愛護動物協會，讓牠們安樂死。」

現在我真的太過震驚。作為一名獸醫，我見過許多令人震驚的事情，但這件事真的讓我瞠目結舌。她的每一隻寵物都曾是她口中「我一生的摯愛」，而現在，她卻如此隨意地談論著要把牠們——家裡所有的寵物——送去安樂死！

於是我脫口而出：「我會負責收下牠們。」我當時並沒有任何計畫，只是希望能挽救這些無辜的生命。

幸好在兩個星期內，我就找到了所有八隻動物的新家，甚至包括那隻長期便祕的暹羅貓。喬治一直很喜歡他們家的黑白貓「加托」（以阿根廷爵士薩克斯風手 Gato 命名），所以收養了牠。

安置好最後一隻動物後，我再也沒和富蘭克林夫婦聯繫過。如果今天他們打來說：「我們領養了一隻貓，牠是我一生的摯愛！」我可能會禮貌地結束電話。為了自己的方便，威脅要將健康的動物安樂死，對我來說完全是不可理喻的。若一個人收養了動物來填補家中的空虛，那麼這個人對這些無辜的生命便負有道德責任，必須照顧牠們一生。我再強調一次：一**生**。這才是成為好父母的意義（無論對孩子或毛孩來說），也是作為一個「人」該具有的態度。

但我也曾經因為客戶的不當行為而失去冷靜。

那個年輕家庭位在公園大道的一棟樓裡。這裡我常常來，因為還有其他客戶也住在這裡。喬伊絲・戈登（Joyce Gordon）是一位三十多歲的媽媽，家裡有兩個小孩，還有一隻可愛活潑的約克夏犬，名叫「柔伊」。我在柔伊還是隻小狗時就見過她，幫她打過疫苗，安排結紮手術，也為她做過年度例行檢查。柔伊就是這個家庭的焦點。

柔伊大約七歲時，戈登一家帶回了一對小貓。突然之間，柔伊對他們來說不再那麼有趣。他們似乎把所有的關愛轉移到新領養的小貓身上。每當卡莉達和我去他們家檢查小貓，看到柔伊被冷落的情況，真的會覺得很心碎。可憐的狗狗常常獨自坐在另一個房間裡，而她以前總是人群裡的焦點。

一年後，戈登太太打電話告訴我說：「我們正考慮送出柔伊，因為門衛很喜歡她，你覺得怎麼樣？」

我覺得這個主意很糟。

然而從另一個角度來看，我也知道門衛荷西非常喜歡柔伊，因為每次我到大樓，他都會跟我提起這件事。不過，我擔心的是柔伊患有庫欣氏症（Cushing's disease），這是一種年老小型犬的常見病症，由大腦腦垂體的小腫瘤所引起。腫瘤本身並不會直接造成問題，但它會分泌一種激素，促使腎上腺分泌過多的皮質醇。因此，患有庫欣氏症的狗會大量飲水，並可能直接尿在屋內。隨著時間過去，患者的毛髮會開始脫落，皮膚狀況也會惡化，腹部則會因肝臟腫大而膨脹，而且這種病症還容易讓患者產生其他健康問題。這些症狀可以透過每日用藥來控制，柔伊目前的症狀有得到很好的管理。

但是，**突然把家裡的成年狗送走**？這將會對柔伊造成多大的創傷呢？不過我還必須考慮實際一點的問題。「隨著年齡增長，她的庫欣氏症可能會引起其他問題，荷西的經濟能力足以照顧她嗎？」

戈登太太很快就回答說：「沒問題，我已經想好這點了。」

「我們會負擔她這輩子的所有獸醫費用。」這種說法實在讓人覺得她似乎急著想讓柔伊離開。

戈登太太是全職母親，丈夫在華爾街工作，賺得盆滿缽滿。因此對他們來說，支付柔伊終生的醫療費用並不成問題。即使柔伊繼續待在他們家，他們也一樣要為她支付這些費用。

「聽起來你們已經計畫好了，」我說。雖然我無法理解這家人怎麼會放棄他們鍾愛多年的狗，但如果他們已經做了決定，荷西的確是個完美的選擇。

我不會批評那些為了某些原因必須為寵物尋找新家的家庭，例如某個家庭成員對寵物過敏，或者必須搬到很遠的地方，或出於其他合理的理由等，我幫這些客戶重新安置過很多寵物。但戈登太太想送走一隻曾是她家中焦點的狗，原因是新寵物的到來讓她對老寵物失去興趣。就像如果你已經有一個孩子，當第二個孩子出生時，難道會突然不再關心第一個孩子嗎？

我並沒有試圖去理解戈登太太，為何會對這隻顯然非常愛她的寵物如此冷漠。但從另一個角度看，柔伊現在到荷西那裡確實會過得更好，因為他是真心想要飼養柔伊。

接下來的幾年裡，住在皇后區的荷西在每次約我幫柔伊檢查時，都會帶著柔伊來上班，我就在公園大道大樓裡的門衛休息室幫柔伊檢查。柔伊最後真的得了糖尿病，荷西也很熟練地每天兩次幫她施打胰島素。「我真的很愛這隻狗，艾咪醫師，」荷西總是對我說：「我很高興能擁有她，我願意為她做任何事。」我為柔伊和這位門衛感到高興，因為一切進展得那麼順利。

某個星期一我到大樓檢查另一家的寵物。走進大樓時，荷西問我說：「艾咪醫師，我可以和你談一下嗎？」

「當然可以。」

「柔伊這個週末的狀況很糟，似乎很痛苦，所以我帶她去了我住家附近的動物醫院急診。他們為她檢查並拍了X光，發現她的膀胱裡有顆大結石，必須盡快動手術。」

「我們都知道柔伊可能發生這種情況，因為她有糖尿病。」我說：「我會打個電話，立刻安排手術。」

荷西眼中滿是淚水，然後繼續說：「問題是，當我告訴戈登太太這個情況時，她說：『我覺得我已經完成對柔伊的承諾，從現在起你可以把她當作你自己的狗了。』這是她的原話。」

我很震驚，因為光是手術費就超過兩千美元，這對荷西來說是筆不小的數目——而這筆錢遠不及戈登太太買一個新皮包的費用。

我太生氣了，憤怒地撥了她的電話說：「我很驚訝聽到門衛說妳不肯再履行對柔伊的承諾。他愛柔伊勝過一切，你把柔伊交給他照顧的時候，他就知道自己無法負擔她的醫療費，而**妳承諾**會支付柔伊的獸醫費用。現在，在她生命的最後幾年，當醫療費用變高時，妳卻反悔了？」我深吸一口氣，接著說：「反悔對荷西來說真的是一件很卑劣的事。」

是的，我當時用了「卑劣」這個詞。

我希望她能感受到對一個處於不平等地位、依賴她承諾的人的「愧疚」。當初這個人如果沒有得到她的支持，根本無法領養柔伊。我並不擔心她會在荷西向我透露情況後為難他，因為荷西有紐約市門衛工會的強大保護。雖然他的工作並不會受到威脅，但現在受到生命威脅的卻是柔伊。

「艾咪醫師，這不關你的事，」她冷冷地說：「我們不再需要你的服務了。」我憤怒地回應道：「妳不能開除我，是我開除了妳！」

如果她對那個曾在她想丟掉狗時幫她收養狗的人是這樣的態度，我實在不想再和她有任何瓜葛。戈登太太似乎完全不在乎我有多厭惡她，或是她的門衛最後不得不動用自己的退休儲蓄金，來支付柔伊的手術費。她似乎只是隨心所欲地做任何想做的事。而荷西每天仍然開門迎接她，當她經過時，他依然微笑，因為他在身而為人的所有重要方面都是一位更好的人。

柔伊對荷西的忠誠，就像他對她的忠誠一樣。我總能在她眼中看到她對荷西的愛，這是我在她屬於戈登太太時從未見過的。狗的確是最能判斷人類性格的動物（還記得前面有提到，我自己也遇過這種情況）。

戈登太太的事情讓我學到，「無禮」其實是人類掩藏更深層情感的一層薄面紗。當人們對自己寵物的健康感到焦慮時，他們可能會把這份恐懼和焦慮發洩到別人身上，通常是對我和我的助理，觸發點往往是客戶沒得到他們想要的東西。最常發生的就是出診預約方面，因此安排行程是「城市寵物」辦公室團隊最難處理的工作項目，我們很難預測每通預約電話到了現場需要花多久的時間，你總是會遇到各種問題。

有時我們按預定時間到達現場，卻發現大樓沒有電梯，而我們沒有預留搬運設備爬五層樓梯的時間。或是當客戶要求我們看看預約以外的其他寵物時，我們也會被拖慢進度（「反正你們已經來了」）。但最常發生耽擱狀況的，還是曼哈頓的交通隨時都可能停擺……例如當聯合國大會開幕，或是有未公告的街道封閉施工，有時則是遇上不在預約行程上的生病寵物。

在一個很忙的日子裡，各種因素交織在一起，我發郵件給辦公室的卡莉達，說我今天無法再接受額外的加號預約。當時已過中午，我才完成當天約診行程的三分之一而已。

幾分鐘後，一位我們多年沒見的老客戶彼得，打電話到辦公室想要預約。卡莉達接到他的電話相當高興，因為我們曾經照顧他的兩隻年老的貓「弄臣」和「莎樂美」，直到他們大約五年前過世為止。

他也很高興聽到卡莉達的聲音，在聊了幾句後他說：「卡莉達，我需要為我的貓『卡門』預約，你們之前沒見過她。」

儘管我告訴她今天已經排滿行程，卡莉達還是因為這是喜歡的老客戶彼得的關係，幫他查了時間表，看看是否可以調整一下。發現不行後，她只好說：「今天都排滿了，但艾咪醫師明天下午可以過去。」

彼得沒有反對，立刻預約了那個時間。過了幾分鐘，他發了一段卡門的影片給卡莉達。卡莉達立刻轉發給我：「看一下這隻貓，我覺得你今天得去看她。」

影片裡的卡門是隻坐在地板上的成年貓，張著嘴快速呼吸。貓咪張嘴呼吸可不代表什麼好事，因為貓不像狗一樣會喘氣，貓張嘴呼吸可能是心臟病、呼吸道疾病或其他一系列糟糕問題的信號。

我立刻回覆：「同意，她不能等到明天。打給彼得，我會盡快過去。」

卡莉達打電話給彼得，留言說：「請回電確認你在家裡，艾咪醫師現在可以過來。」她心想，既然他沒接電話，可能已經把卡門帶去急診室了。

當他一分鐘後回電時，語氣很生氣。「為什麼你告訴我明天才能看卡門，現在卻說能在今天看？我的貓真的病得很重，你卻把我拒之門外！」

「你沒告訴我你的貓生病了，」她不耐煩地回答，「你應該告訴我她生病了。我們總是會想辦法為生病的動物安排時間。」

如果我們沒時間為生病的寵物看診的話，通常會檢查日程，找找那些可以等一、兩天的常規檢查或疫苗注射的寵物來調整時間，有呼吸困難的病患必須立即看診。

「**你為什麼對我這麼大聲**？」現在他更加激動地對卡莉達大喊。

卡莉達盯著電話，一時之間不知所措。「我沒有對你大聲，先生。你想要艾咪醫師過去看她嗎？」

「要！」他大吼並猛然掛掉電話。

珍寧和我一起去見卡門和彼得。他仍然住在他和丈夫約翰共同擁有的雀兒喜區那間只有一個臥室的公寓裡。一走進去，我立刻想起這個地方，一切都沒變。我也再次對這間公寓的整潔印象深刻。裡面的一切包括家具、地毯、不銹鋼器具等，看起來都像全新的。開放式的書架上，擺放著大小和顏色排列整齊的書籍。

我很快問了彼得一些標準問題，得知他和約翰在五年半前收養了已結紮過的卡門。

「卡門有接種過疫苗嗎？」

「我不認為有，」他說。

「那她有做過貓白血病、貓免疫缺陷病毒或**巴貝特氏菌的檢測**嗎？」這三種病症都會增加她的患病風險。在新養小貓的檢查中，我都會做這幾項血液檢測。

「我也不認為有，應該都沒有，」他說。

「我可以看看她的醫療紀錄嗎？」我問。

「我們沒有，自收養她以來，我們就沒帶她去看過獸醫。」

「五年半前？」我難以置信地問。

「沒錯。」

助理珍寧的嘴巴微微張開，將擔憂展露無遺，我也有同樣的感覺。試想一下，五年來你都沒帶孩子去看過醫生？彼得家裡的佈置一絲不苟，卻連最基本的貓咪健康照護都沒做。我強忍著不滿，繼續執行我的工作。

「卡門現在在哪裡？」我問。

他帶我們進了臥室，我看到一隻灰色條紋貓坐在寬大窗台的一個枕頭上。

他說：「她從昨天開始就一直張著嘴，從那時起就沒吃過東西。」

雖然我一開始擔心張嘴可能與呼吸問題有關，但事實並非如此。卡門的嘴裡唾液黏稠、帶有血色，散發出一股非常難聞的氣味。我戴上頭燈，珍寧輕輕地抱住卡門，好讓我能仔細檢查她的嘴巴。她的呼吸帶著腐肉的氣味，牙齦腫脹並流血。我發現她少了很多牙齒，因為她的牙床已經崩解，部分牙根暴露了出來。難怪卡門不吃東西並一直張嘴，她顯然正在忍受嚴重的牙痛。

「彼得，過來一點。我希望你看看發生了什麼事，」我指著牙齦發炎處告訴他。

他聞到腐爛的氣味皺了皺鼻子，當我打開她的嘴巴並讓他看到流血的組織時，他別過頭去。

「這股臭味來自嘴部感染，而她這樣異常的呼吸方式是因為疼痛。這個情況應該已經持續了很長一段時間，現在她的疼痛已經超過她可以忍受的範圍。」

「你認為如果我們早點發現，會有什麼不同嗎？」他問。

珍寧忍不住發出一聲低吟。我差點罵出口：「**我剛剛說什麼聽不懂嗎**？」不過我沒有罵出來。

相反地，我點點頭說：「會，因為這種情況可能從她還是小貓的時候就開始了。如果早點發現，我們就會知道她有天生的牙齒疾病並採取預防措施，例如教你如何為她正確清潔口腔。」

我對彼得的態度若是更糟，對卡門並沒有幫助，但我還是對他的忽視感到生氣。為了處理感染的情況，我為卡門注射了長效抗生素「頭孢維星」（Convenia），這在寵物嘴巴很痛的時候比餵藥更方便。接著，我為她注射了止痛藥。

「光是打針並不能解決問題，」我說。「她必須盡快做牙科手術。她會接受全身麻醉，透過X光檢查口腔，然後把所有生病的牙齒和牙根拔除。現在這些生病的牙齒會讓她很痛，一旦拔掉，疼痛就會消失。」

珍寧輕輕地把卡門放在她身旁，然後我進行了必要的血液檢測。檢測可以讓我知道，到底是什麼疾病造成一隻年輕貓咪有如此嚴重的口腔問題。

我進一步解釋，由於卡門從沒接種過貓瘟或狂犬病疫苗，住院之前最好先幫她接種這些疫苗。「不過今天不能打，因為她有感染，」我說：「她兩個星期後需要再打一針抗生素，所以我回診時可以幫她打疫苗。到時候她應該會感覺好多了，別忘了打電話給我們安排時間。」

如果我或任何獸醫從卡門還是小貓時就開始照顧她，我剛剛建議的每一項測試和疫苗一定早就做過了。珍寧和我拿了血液樣本後就離開了。我們把憤怒藏在心裡，知道卡門很快就會感覺好過一些。

兩天後，彼得打電話到辦公室回報說，卡門已經開始吃東西並且閉上了嘴巴。卡莉達發送發票後，第二天按慣例從檔案中的信用卡收款。三天後，銀行回覆那張信用卡費用被撤銷了，我還以為只是某種銀行作業之類的問題。

兩個星期後，我打電話給彼得，當時我正坐在車子後座，準備前往下個居家出診的路上。「已經兩個星期了，」我告訴他：「如果我們不再幫她打針，感染就會再度復發。所以你要趕緊安排你的貓進行牙科手術。哦，還有，你知道為什麼信用卡的費用被撤銷了嗎？」

彼得憤怒地回應：「你別想再來了，我再也不想見到你們。你的接待員對我很無禮，還謊稱沒有空檔，我絕不會付這張帳單。」

「我聽不懂你在說什麼？」

「你們開什麼診所？你的助理對我大吼大叫。」

真的嗎？他竟然還對那通電話耿耿於懷？他很明顯是在把自己不良的行為轉嫁到卡莉達身上，因為明明是**他**在大聲嚷嚷。坦白說，他才應該感到羞愧——不僅因為他對我的員工不禮貌，更因為他忽視了卡門的健康。結果現在他還**對我**發火。

「如果你覺得我的助理對你不禮貌，為什麼你還要預約看診並讓我們承擔這些費用？」我問他。「你完全可以選擇別家醫院。」

他掛斷了電話。

我立刻打電話給他的丈夫約翰：「我剛剛和彼得講過電話，他不僅對我大吼，還拒絕支付我們的帳單。」約翰知道整個事件的經過，他說：「是他反應過度，我沒辦法說服他。我覺得他對發生在卡門身上的事感到內疚。別擔心，我會支付這筆費用。」他給了我一個新的信用卡號碼，事件就這樣結束了。我們再也沒聽到關於這個家庭的任何消息。直到今天，我還是希望卡門能順利接受疫苗接種和牙科手術。

最糟糕的行為莫過於彼得對自家貓咪健康上的疏忽，讓卡門長期痛苦不堪。他以前曾養過貓，所以他應該知道要做什麼事。如果他一開始就注意到卡門的口臭，或者在這幾年內的任何時候曾帶她去看過獸醫，卡門的情況就不會惡化到這樣。而且他當初領養卡門時，根本就沒理由忽視她的疫苗接種情況。

他無法忍受自己的內疚和羞愧，所以把這些情緒轉嫁到我們身上。我試著不表現出憤怒，我希望我有做到。但老實說，我在整個事件過程中最大的情緒，就是為這隻因主人疏忽而受苦的貓感到悲傷。

9 特別的日子 Standout Days

有什麼會比「讓寵物感覺更好」更棒的事嗎？幾乎沒有。作為**到府居家**診療獸醫，這份工作確實讓我經歷了一些很特別的情境，為我的工作增添不少樂趣與豐富性。

有些日子真的充滿喜悅。例如當我為某位客戶家裡的愛爾蘭軟毛㹴（wheaten terrier）做檢查時，她八歲的女兒目不轉睛地專注觀看，然後宣布她未來的志向是成為一名獸醫。多年後，她真的成為獸醫了！（當然，在她畢業並有了自己的診所後，我就失去她父母這家客戶了）

還有些日子真是令人捧腹。而有些日子發生的事情，簡直比八點檔還要精彩。

亨利是一名會計師，住在第一大道上一棟沒有電梯的三樓公寓裡。對我們來說，到他家進行居家診療並不容易，因為他的公寓很小，而且廚房既不乾淨也不明亮。我想放置病患的那塊鋪著亞麻地毯的櫥櫃黏黏膩膩，上面總是覆蓋著一層薄薄的油脂。空氣中也瀰漫著燒焦的食用油味，甚至在離開他家後，我身上還會殘留那股氣味。

喬治和我經常去他家，因為亨利的可卡犬（Cocker Spaniel）「露比」常常惹出麻煩。例如一個月前，露比用爪子撬開仿木紋的廚房櫥櫃門，咬出裡面的飼料袋，然後吃下等同於自己體重的乾飼料，結果因為過飽腹脹而動彈不得，我只好幫她催吐。儘管這種治療方式對她來說不太體面，但她接受得非常坦然，因為她是一隻極為溫順可愛的狗。她的黃褐色毛髮與亨利頭上那撮「頭髮」的顏色完美匹配，只不過她的毛髮顏色是天生的。你可能會想，既然有人虛榮到想要掩飾自己的禿頭，那至少也該選一頂看起來逼真一點的假髮吧。但亨利的品味實在不佳。他經常穿著格紋聚酯纖維西裝外套、閃耀著過度磨損光澤的褲子，腰帶繫得高高的，足足高出腰際八公分，再加上一頂看起來，嗯，非常荒唐的假髮。

那天，露比用屁股在米色地毯上來回拖動。「她是不是有寄生蟲？」在我抵達時，亨利問我：「前幾天她在街上吃了一些奇怪的東西。」

所有的狗和貓，不論公母，在直腸開口內部的五點鐘和七點鐘位置都有肛門腺。這些腺體會積聚一種惡臭的物質，當牠們感到壓力時會釋放出來，就像臭鼬的臭味一樣。在野外環境時，受驚的動物會噴射出這些惡臭物質，警告同類可能存在的危險。

雖然家養動物不必在森林遊蕩，生活也相對安逸，但牠們的肛門腺仍會不斷填滿，並在自我梳理時或排泄較大塊糞便時受到壓迫而排空。當寵物的腺體已滿且無法自行排空時，就會出現一個明顯的信號——牠們會像卓別林一樣，用屁股在地板上滑動，試圖透過摩擦來排空腺體。飼主可以透過地毯上是否留下一股令人作嘔的氣味，知道牠們是否成功排空肛門腺。在大多數情況下，你的寵物會自己把它舔乾淨；如果不會，使用普瑞來（Purell）清潔劑的效果也還不錯。

鳥兒會飛，魚兒會游，狗則會在地毯上舔肛門腺液。雖然有點噁心，但這是牠們的天性。

然而，如果腺體堵塞，情況就會迅速從滑稽變為危險。堵塞的腺體可能會形成膿腫。一旦這種情況發生，就需要將受感染的腺體排空，並為病患注射抗生素。

我檢查露比後，發現她的腺體已經脹滿且堵塞，必須手動排空，因為情況正處在即將膿腫的邊緣，今天做治療後應該就能防止感染發生。雖然這不是我最光鮮亮麗的治療程序，但卻是非常重要的一種。我戴上充分潤滑的手套，將食指插入病患的直腸內，拇指留在外側，然後用兩根手指一起將腺體朝開口方向擠壓，直到大約一湯匙或更多臭氣四溢的分泌物被排出為止。

我為露比進行這項擠壓程序時，提醒一旁的亨利說：「我必須建議你站遠一點。」

大多數飼主在我進行這種程序時都會聽話離開房間，但亨利沒有。他聽完反而更靠近，幾乎湊到我的肩膀旁邊，近到我能聞到他的假髮定型液的味道，而且並不好聞。

「你擋住光線了，」我告訴他，這裡的室內光線本來就不夠亮。

「抱歉，」他嘴巴裡雖然這樣說，卻只移開了兩公分而已。

準備工作完成，接著該插入手指、開始排空腺體裡的液體了。才擠壓幾次，我就感覺到露比的腺體確實脹滿而且堵塞。

喬治輕聲地對露比說話，而我繼續進行操作。這時亨利越靠越近，想要看得更清楚一些。「你真的要退後一點，」我再次警告他，但他還是不肯退開。

我繼續對腺體施加更多壓力，終於成功了。一股帶血而惡臭的腺體分泌液噴湧而出……直接落在亨利的假髮上。

「哇啊！」他尖叫著踉蹌後退。「太可怕了！」

這股氣味確實獨一無二，像是臭鼬混雜著腐爛的魚。而且這種臭味很難從衣物上清除，更別說從假髮上洗掉了。最幸運的是，這次一滴都沒有噴到我的身上。

露比立刻感到輕鬆，開心地搖著尾巴，但亨利可不一樣。

由於樓梯間的聲音很容易傳上去，所以我們離開時，必須壓抑著笑意走下三層樓梯。終於踏上街道後，我們忍不住哈哈大笑起來。

喬治說：「換個角度看，現在他總算可以換頂新假髮了。」

在露比的一生裡，我一直都是她的獸醫。不過亨利從此再也不敢在治療時靠近我了。可惜他後來換的假髮也沒有任何改善。

有個晚上雖是以不順利的情況開始，卻因為我是上門診療獸醫，結果變得格外圓滿。

紐約的傳奇餐飲地標——法國餐廳 Le Cirque，最近搬到位於麥迪遜大道皇宮飯店的新址，導致全城都在瘋搶訂位。史蒂夫的一位商業夥伴剛好認識餐廳老闆席里歐·馬奇奧尼（Sirio Maccioni），於是幫我們訂了位子。由於是直接向老闆訂的，我們認為應該會受到很好的款待。

當晚我們穿得光鮮亮麗、興致勃勃地來到餐廳。席里歐站在門口迎客，聽到我們的名字後，看了我一眼，就轉頭沒再理我們。接著，餐廳領班讓我們等了半小時才帶我們入座。

接下來事情也沒有好轉。他領著我們穿過象徵「名流聚集」的前廳，再穿過「次要名人」的中間區域，最後把我們帶到靠近洗手間、最偏僻的一張桌子。這絕對是餐廳最糟的位置。

這頓晚餐將會所費不貲，但無論食物有多美味，坐在洗手間旁邊還是讓人完全無法接受。史蒂夫告訴領班說：「我們不坐這裡。」領班不耐地皺了皺鼻子。「很抱歉，先生。我們客滿了。至少一個小時內都不會有其他桌位。」

雖然我的肚子已經咕嚕叫著，史蒂夫卻說：「我們願意等。」領班對我們的答覆感到非常不悅，只得匆匆地把我們帶回等候區。就在他領著我們穿過前廳時，我們經過了一張位於餐廳中心的大圓桌——毫無疑問是這家餐廳的最佳位置，而座位上圍著六位用餐者。

我心想：「**必須是誰還是要認識誰，才能坐在那裡嗎？**」

然而，就在我們繞過大圓桌時，一位用餐者朝我的方向驚呼：「艾咪醫師！艾咪醫師！天啊，你絕對不會相信，**我們剛剛還談到你！**」

坐在這桌的是我在報業工作的客戶。一位是《紐約觀察家報》（*The New York Observer*）的老闆，另一位是擁有《華盛頓郵報》（*The Washington Post*）的家族成員。與他們同席的還有兩家報社的餐廳評論家。顯然，當媒體界的名流在城裡最熱門的餐廳用餐時，他們會聊起自己的獸醫。

無禮的領班對於他們認出我感到驚訝，現在正滿臉驚恐、愧疚地看著我們，似乎意識到他剛剛可能對某個重要人物失禮了。

這時，老闆席里歐匆匆趕來介入，急忙說著：「很抱歉造成這場誤會，您的餐桌現在已經準備好了。」

接下來，他親自帶我們到餐廳的**次佳**位置，同樣位於主廳，距離我的客戶僅幾步之遙。整個晚上，廚房裡似乎總有額外的招待點心神奇地出現在我們桌上。從那一刻起，我們得到了ＶＩＰ待遇，因為我的知名客戶那晚恰好在場，為我證明了身分。

兩天後，我到瑞佛斯夫人的公寓去看她的狗史派克，她的管家凱文問我：「你在

Le Cirque 的晚餐如何？」

「什麼？你怎麼知道我上那了？」

「我讀了《紐約觀察家報》的餐廳評論。」

而獸醫——**我！**——出現在那篇評論中。

我們再也沒去過 Le Cirque 了，因為在 VIP 的光環加持之前，他們的待客方式實在讓人難以接受。就像這位 Le Cirque 領班一樣，我同樣也必須為客戶提供服務，但我永遠會以禮貌、善意和耐心對待每一位客戶，無論他們是社會名流或是囤物症蓋兒。每個人都應該得到同等的尊重，但顯然 Le Cirque 餐廳並非如此。

不過，那裡的食物確實很棒。

正常情況下，我最喜歡的事情莫過於為一隻健康小狗做檢查，牠們毛茸茸的小臉，以及溫暖而活潑的身體，總是會讓人心情愉悅。然而這家的小狗就沒那麼有趣了。我們拜訪了高德施密特夫人，她拿出出生剛滿兩天的一箱十二隻愛爾蘭雪達犬（Irish setter）小狗給我。這些小狗全部需要進行全面的健康檢查，並切除牠們前腿的兩個狼爪，全部做完可能會耗上一整天。

狼爪（Dewclaw）是位於狗狗前臂基部、上面帶有一個指甲的奇怪小皮突。雖然狼爪是無用的退化拇指，卻常會引發問題，例如會讓狗在戶外活動時容易被灌木纏住，或是在室內被布料勾住，甚至偶爾還會意外被扯下。獸醫界普遍認為，最好在小狗還是新生兒時就將其切除，以避免將來的麻煩。

理論上，切除狼爪是個小手術。只需一個小切口將狼爪移除，再用一針縫合即可，整個過程應該不會超過十五秒。但實際情況要花上很多時間，因為小狗根本不會乖乖待著不動。當我禮貌地請求牠們不要亂動以便完成這項手術時，牠們並不會聽話。而且這些小小的愛爾蘭雪達犬，根本就像蚯蚓一樣扭來扭去。

當我準備好手術器械並為接下來的工作做好準備時，一段記憶突然浮現在腦海中。那是最近拉比為我弟弟的新生兒子行割禮的情景。我侄子在手術前的祈禱過程中不停哭喊，身體也不斷掙扎。我當時就在想，拉比究竟要怎麼在這個不停亂動的嬰兒身上，進行如此精細的手術呢？如果嬰兒在關鍵時刻突然動了一下，帶來的後果將會影響他的一生！

我記得拉比在開始進行手術前，先把一塊餐巾浸入一杯祝聖過的葡萄酒中，然後向在場的人解釋嬰兒需要「分享」這杯「儀式性」的葡萄酒。接著他把沾滿葡萄酒的餐巾一端，放進嬰兒的嘴裡，嬰兒便開始吮吸那塊濕餐巾，結果在幾秒鐘內嬰兒就停止亂動。於是，拉比便能在安靜的患者身上順利完成手術。也就是說，他是用祝聖的葡萄酒作為鎮靜劑。

潛意識的力量實在令人驚嘆。我在那一刻想起了這段記憶，所以也立刻想到解決當下問題的辦法：這個葡萄酒妙招，對小狗是否也能奏效呢？

我轉頭問高德施密特夫人：「家裡有甜葡萄酒嗎？」

「**真的要喝嗎**，艾咪醫師？」她睜大眼睛疑問地看著我。她的表情實在讓我忍俊不禁，看來她似乎以為我是因為太過緊張，想在進行手術前，在白天喝上一杯酒。不過由於她對我相當信任，立刻回答：「有，我馬上去拿。」她走進廚房，帶回一瓶葡萄酒和一個酒杯，沒有多問一句。

我把一些葡萄酒倒進杯中，然後將棉花棒末端放入杯中浸濕。接著我抱起第一隻小狗，把沾滿葡萄酒的棉花棒放進牠的嘴裡。結果就像我的小侄子一樣，小狗開始吮吸，幾秒鐘後便安然入睡。我毫不猶豫地立刻進行手術，這次真的只花了十五秒！當我欣賞自己的手術成果時，小狗醒了過來，又開始再次扭動。我把牠放回箱子裡，讓牠可以回去繼續吮吸母乳。

其他十一隻小狗似乎自動排起隊來，等待享用加了甜葡萄酒的「棉花棒點心」，而我以破紀錄的速度完成了剩下的小手術。

在我為最後一隻小狗進行處理時，高德施密特夫人離開房間，回來時手裡拿著兩個酒杯。

「艾咪醫師，這真是一場奇蹟，值得乾杯。」看到她為我們每個人倒了一杯酒，我笑了出來。她舉起酒杯說：「為牠們的健康乾杯。」我們碰杯，為小狗的健康喝了一口酒。我心裡默默記下，以後得在我的隨身醫療箱裡放進一小瓶葡萄酒。不過我婉拒了助理的提議，並沒有真的把這個經驗寫進獸醫學術期刊論文來發表。

整個過程進行得非常順利，甚至比我侄子的割禮還要好。我必須承認：當我看到拉比開始為我侄子進行手術時，我直接昏倒在地了。很顯然地，我從未真正克服過暈倒的問題。

一九九五年的夏天是紐約史上最熱的夏天，我的新司機歐馬爾卻拒絕開空調。他說：「醫師，空調要加冷媒才會冷，但那要花四百美元。」

喬治忍不住抱怨：「你和這台車的問題永遠都解決不了。」他們兩個總是不對盤，但這次喬治說得沒錯，歐馬爾確實經常要我為他的車支付昂貴的維修費。不過，在這種酷熱的天氣下，沒人需要更多的火氣。由於我們已經快被熱氣融化了，所以我寫了一張支票給歐馬爾，請他盡快處理冷氣問題。

一個星期後，天氣依然酷熱難耐，空調還是沒有修好。我們開車前往那天的第一個目的地去看瑪麗——她是我們稱為「姊妹」組合的其中一人。

她和她的雙胞胎妹妹佩姬兩人都是我們的長期客戶。兩人都未結婚，年約六十五歲。瑪麗住在東二十一街一棟高級棕石建築中，窗外可俯瞰格拉梅西公園；佩姬則住在東八十八街，靠近中央公園的一棟類似建築中。這對姊妹的公寓和裝潢幾乎一模一樣，連穿衣風格也如出一轍。甚至她們的貓都完全一樣：兩人各養了一隻白色虎斑貓（tabby）和一隻灰色虎斑貓。這些貓相似到害我經常搞混牠們的名字。

瑪麗打電話來，因為她的虎斑貓有點呼吸問題。牠的眼睛和鼻子在流淚、流鼻水，而且一直打噴嚏。這隻相當胖的貓，最近食量也突然減少。我懷疑牠得到上呼吸道感染，於是安排了當天的家訪出診。

在一趟令人煎熬的酷熱車程後，我們來到瑪麗的公寓，門房讓我們進去屋內檢查「查理」。牠除了流鼻水和打噴嚏外，其他一切正常。我打電話給瑪麗，告訴她查理只是像人一樣得了感冒。「最好為牠準備一些味道重的貓食，牠的食欲才會恢復。如果過幾天都沒有好轉的話，再打電話給我。」第二天，毫無意外地，我也接到了她妹妹佩姬的電話。看來，如果她們當中某人的貓得了感冒，另一人的貓也無法倖免。這次佩姬的貓「鮑比」也出現了流鼻水和呼吸困難的症狀。

佩姬試了我建議瑪麗使用的方法，用有重口味的貓食引誘牠吃東西，但牠仍然不肯進食。

又是另一趟蒸籠般的車程，喬治和我汗流浹背地來到佩姬的公寓。進屋後，我們準備檢查鮑比，卻找不到牠的蹤影。我們在公寓裡上上下下找了半個小時，感到越來越沮喪和擔心。

「老實說，我超愛這裡的空調，」喬治一邊說一邊癱坐在沙發上。

確實很棒，不過我們沒時間放鬆。在逐一搜索房間後，我終於在馬桶水箱後面找到了縮成一團的鮑比。牠的呼吸已經變得異常困難。這絕不是普通的感冒。鮑比需要立刻送往動物醫院。

喬治在玄關的壁櫥裡找到一個貓籠，我們急忙將鮑比帶下樓。

歐馬爾站在建築物的遮陽篷下，和門房正聊得起勁。

我和喬治快速鑽進車裡，我大聲對歐馬爾喊著：「我們必須馬上去醫院！」歐馬爾似乎沒意識到情況緊急，慢吞吞地走到駕駛座，開始駛向幾個街區外的動物醫療中心。

本應該只需要幾分鐘的車程，卻因為當天的交通糟糕透頂變得很漫長。我們沿著第二大道緩慢前進，最後完全停滯不動。車內的溫度越來越高，鮑比的呼吸也變得越來越急促。可憐的貓似乎快撐不住了。

「天啊，快開冷氣！」我大聲喊著，歐馬爾卻說：「對不起，醫師，我還沒去加冷媒。」

喬治轉過頭，對歐馬爾說了幾句難聽的話。

他們開始對吼，但這對情況一點幫助也沒有。

我什麼也不想對他們說了，直接打開車門跳下車，抓起貓籠，在第二大道停滯的車流中奔跑。沉重的貓籠在我跑步時不斷擺盪。我穿過兩條車道，跳上人行道，穿梭在人群中，然後轉向東七十五街，朝醫院狂奔而去。

當我衝進醫院大門時，我對急診室護士大喊：「我需要氧氣，**現在就要！**」

有人接過我的貓籠，鮑比被迅速送進氧氣箱裡，過了一會兒牠的呼吸開始變得稍微正常。我彎下腰，雙手放在膝蓋上，胸口急促起伏，汗水從我的前胸和後背不停地滴下。

當我抬起頭時，注意到一些醫院員工圍在旁邊，笑得合不攏嘴。

「你們在笑什麼？」我邊喘氣邊問。

醫院經理尤娜說：「我們不知道氧氣是該給你還是給你的病患呢！」

長得一模一樣的貓，屬於一對雙胞胎姊妹，牠們的症狀相似，情況卻完全不同。一隻貓只是得了感冒，另一隻貓卻有潛在致命的心臟病。

兩隻貓都熬過了那一天，但歐馬爾在「城市寵物」的工作卻結束了。

10 粗體字姓名（重要人物）
Bold-Faced Names

我的工作有個最棒的部分，就是經常會遇到那些令人難以置信的人，或是去到一些平時不會涉足的地方，因此擁有一些無與倫比的經歷。

舉例來說，在我開業後幾年，有位女士打電話來，說：「我從一個朋友那裡得到你的號碼，我希望你可以幫助我們。我們剛剛養了一隻小狗。她現在看起來無精打采，還不停地咳嗽。」

健康的小狗會跑來跑去，會咬桌腳或是毀掉一雙昂貴的皮鞋，也因此跟健康小狗相反的情況——一隻昏昏欲睡、咳嗽不止的小狗——確實令人擔心。

客戶給了我她的地址，正好離我下一個預約地點只有幾個街區，所以我告訴她說：「我一個小時內就能到。」能提供這麼快速的服務讓我感到非常高興。

「謝謝！我叫珍妮特・瓊斯（Janet Jones），告訴門衛我的名字，他會讓你直接上來。」我一聽就知道她是那位著名的女演員，但好像還有些我一時想不起來的事。

當我一走進公寓，看到門口的冰上曲棍球桿和牆上大玻璃框裡框著的球衣時，我立刻想起來了，珍妮特是當時效力於紐約遊騎兵隊的冰球界偉大球員格雷茨基（Wayne Gretzky）的妻子。我和史蒂夫都是狂熱的冰上曲棍球球迷，事實上我們還有遊騎兵隊的季票。哇，史蒂夫一定會嫉妒我！

就在這時，格雷茨基本人抱著一隻可愛的玩具貴賓小狗走進了入口走廊。小狗也立刻開始劇烈地咳嗽。

「從我們把她帶回家起，利伯提就這樣一直咳嗽，」格雷茨基說。「晚上的情況更糟。她睡在我們的臥室裡，一連三個晚上都一直在咳嗽，讓我幾乎沒能睡上一秒鐘的覺。」

無論是狗或是偉大的冰上曲棍球員，如果沒有良好的睡眠，第二天都不可能有好的狀態。作為獸醫，我當然得讓小狗康復，但作為遊騎兵隊的球迷，我更希望格雷茨基能夠擁有良好的睡眠。所以，為了所有遊騎兵隊的球迷，我必須盡快治好這隻小狗的咳嗽。

利伯提有典型的「氣管支氣管炎」（tracheobronchitis）症狀，這是一種傳染性呼吸道疾病，通常被稱為「犬舍咳」（kennel cough）。我幫她打了抗生素，並餵她吃止咳藥，讓她晚上可以好好休息。

「她很快就會好轉的，」我說。

離開後走到外面，我**秒**打電話給史蒂夫。「親愛的，我剛剛見到了『偉大之人』（The Great One）！」

「什麼意思？『偉大之人』？你是說，真的是那個『偉大之人』嗎?!」他不敢相信地問。「唯一被這麼稱呼的……少來了！**不**！不是真的吧！天啊，我下次一定跟你一起去上門出診。」

「我等不及明天去看他的比賽了，」我說：「而且我預測他會進球。」

第二天，珍妮特證實利伯提已經好多了，整晚都安靜地睡覺。當然，我也希望格雷茨基能睡得好。那晚，當我們在麥迪遜廣場花園的座位上喊到喉嚨沙啞時，偉大的格雷茨基進了一個漂亮的球，遊騎兵隊贏了比賽。但只有史蒂夫和我知道，我有一部分的功勞。

我是一個上門出診的獸醫，所以有時候會目睹一些原本不可能看到的景象。有些場面甚至至今令人驚嘆。

二〇〇〇年代早期的某個晚上，史蒂夫和我正為出門觀賞大都會歌劇院的《費加洛婚禮》演出精心打扮時，家裡的電話響了。史蒂夫正在戴袖扣，他對我投來了一個「希望不是客戶」的眼神。然而，如果你娶的老婆是獸醫的話，「緊急情況」就是她的嫁妝之一。

「我是雪兒，」一個女人在嘈雜的電話裡說。她聽起來真的很像那位只有名字沒有姓氏的偶像。「瓊．瑞佛斯給我你家的電話號碼。」

我放下眼線筆，開始在浴室裡踱步，腎上腺素立刻激增起來。史蒂夫注意到我的興奮，用口型問道：「**是誰**？」

我也用口型回答：「**雪兒**（Cher）。」

他小聲地問：「椅子（Chair）？」

我搖搖頭，這位偶像繼續說著。

「我在飛機上，正從義大利帶我的新狗皮波回家。我在羅馬拍電影的時候，在街上發現了她，所以現在要帶她回我家。她不停地抓自己。瓊說你可以出診。」

她接著說：「我的飛機晚上十一點半會降落在甘迺迪機場，然後我會直接去華爾道夫酒店。你能在午夜的時候過來嗎？」

「你**在飛機上**打的電話？」我驚訝地詢問，**她居然可以在飛機上打電話**？

雖然我通常會盡量滿足那些最挑剔客戶的要求，但我沒辦法在半夜出診。然而這是雪兒！所以我告訴她，我可以在動物醫院跟她碰面，那邊有夜班助理可以幫我處理新病患。

「會有一輛豪華轎車可以載我，」她說。「地點在哪？」

我給了她醫院的地址，並跟她約定好帶著皮波，午夜在醫院碰面。

史蒂夫說：「真是精彩的一夜！」

「對啊，先是大都會歌劇院的芮妮．弗萊明（Renée Fleming）演唱會，然後是午夜的雪兒義大利流浪狗，這就是曼哈頓家訪獸醫的典型夜晚。」（那天稍早，我才從一隻巴吉度獵犬（basset hound）的腿上，把一個充滿膿的膿腫引流出來。**那**才算是我典型的一天）

歌劇結束後，我快速親吻了史蒂夫，然後在其他觀眾還在起立鼓掌時衝出劇院。由於最早離開，我毫不費力地攔到了計程車，準時到達醫院。我發現穿著完整禮服的豪華轎車司機已經在等候室裡，手裡抱著一隻小型混種㹴犬。

他問：「你是艾咪醫師嗎？這是皮波。」

雪兒沒來？**她竟然派司機來**？我花了點時間甩掉心中的失望，專心看這隻狗。我對他說：「請跟我到檢查室，我會照顧皮波的。」

我把實驗袍披在華麗的禮服外，戴上手套，為皮波做詳細的檢查。除了那個又腫又癢的皮疹之外，她看起來很健康。我從皮疹的分布位置已經有了大概的診斷——她罹患了一種叫「疥癬蟲」（sarcoptic mange）的麻煩寄生蟲，但我還是想做一些檢測來確認。於是我從她的皮膚上採集樣本，並在顯微鏡下觀察。當我看見顯微鏡下那些恐怖的怪異寄生蟲時，立刻確認了牠們正是造成問題的罪魁禍首。

「皮波得的是寄生蟲傳染病，人也可能被傳染，」我對豪華轎車司機說。「我會給你手套戴上，你再帶一些回飯店。雪兒應該不想染上這種病。請告訴她，這段時間別跟這位幸運的小傢伙共眠或是共用毛巾。」

司機只眨了眨眼。

當時，疥癬蟲的治療方式是注射「伊維菌素」（ivermectin，一種後來因為被用作新冠治療而引發爭議的藥物）。根據我的病患服藥後的反應，我知道這種注射會讓人疼痛無比。

「皮波，盡量冷靜一點，保持別動，」我一邊說一邊準備針頭。

我對司機強調：「不管她有什麼激烈反應，都不要驚慌。」

幸好皮波是隻乖狗狗。當我打針時，她一點也沒有退縮，甚至還舔了我的手套。

「她兩週後需要回診，」我對司機說：「不論到時候雪兒是在紐約或是在哪個地方。」

「謝謝你，」他說。「我會告訴雪兒的。她叫我在治療結束後載你去任何地方。」

這一點小小的心意讓我非常感動。因為當時已經凌晨一點，我的腳（還穿著高跟鞋）痛得要命，我迫不及待想要脫掉這套衣服，換上睡衣。接著，我被領進我所見過最長的豪華轎車裡，爬進後座。裡面的長椅就像我客廳的沙發那麼長，我忙著打開每個櫃子，查看裡面的全套酒吧設備和水晶酒杯。雖然我並不想喝酒，但還是很欣賞這些酒類的選項。

當豪華轎車停在我家大樓前時，我很希望會有鄰居看見我從這輛大車裡走出來。可惜沒有……但我得到了夜班門衛的高度注目。

幾天後，雪兒的助理打電話回報說，皮波的情況已大為改善。

「雪兒很高興，」她說。

我很開心地說：「皮波再過一個星期左右需要再注射一次。你們打算怎麼處理呢？」

她說：「雪兒那時還在紐約。」

於是我們安排了時間，我可以去華爾道夫飯店為皮波施打第二次注射。

我告訴莎莉這個約診時間，她問我：「你覺得我們會見到她嗎？」

「我猜不會，大概會見到工作人員，但至少我們可以參觀華爾道夫的ＶＩＰ套房。」

當我按約定的時間抵達時，被一位門童帶到一個只能用特殊鑰匙進入的樓層。輕敲門後，一位年輕女士開門迎接，帶我進入一個寬敞且陽光充足的房間，一個正如我所期待那樣驚人的房間。

「請隨便坐，」她指示道。「我是科萊特，我馬上就帶狗過來。」我快速看了一下四周，沒看到雪兒。**算了**。

科萊特沒戴手套就抱著皮波出來，把她交給我檢查。她的皮疹已經大幅改善，但還需要再注射一次伊維菌素。

我對她說：「皮波乖，就跟上次一樣哦。」

接著，我用酒精擦拭注射部位，然後輕輕地把注射針頭插入她的大腿。

這次注射藥物時，皮波呼天搶地地尖叫起來。

雪兒本人突然衝進房間，眼裡充滿怒火地**看著我**，大聲說：「你對我的狗**做了什麼**？！」

莎莉給了我一個眼神，意思是「**艾咪醫師你糟了**」。

我愣了一下沒說話，仔細打量著她。雪兒穿著飯店浴袍，頭上全是巨大的熱髮捲，臉上則塗滿厚重的白色面霜。

「皮波完全沒事，」我說：「只是注射會有點痛而已。」

「**有點痛**？我從三個房間外都聽到她的慘叫聲！」

這個套房居然有三個房間？考量目前的狀況，似乎不太可能有機會參觀房間了。

「我沒想到她會叫，因為上次打針她安靜得很！」才不到兩週，皮波這隻羅馬街頭的流浪狗，居然已成為會耍脾氣的小明星。「現在已經完成治療了，她的疥癬應該很快就會消失。只是還是小心不要碰她，目前仍然會傳染。」

「**傳染**?!」她驚訝地問道。我猜那位司機應該沒把我的警告告訴雪兒。「嗯，這就可以解釋了。發在人身上的疹子像這樣嗎？」猝不及防地，雪兒突然把她身上的浴袍掀開，露出她那標誌性的完美身軀，全裸地展現在我眼前。

我尷尬地立刻轉開視線，又忍不住看回去。接著我再次鎖定她的目光，問道：「會很癢嗎？」

「不會，」她回應道，重新穿好浴袍。「現在想起來，我在見到皮波之前應該就長疹子了。可能只是起熱疹吧，羅馬熱得很。」

「你猜得可能沒錯，」我點頭同意，因為不知道該說什麼其他的話。工作完畢後，莎莉和我離開雪兒的套房，在電梯裡一路笑個不停。莎莉說：「我敢打賭她一定是做皮拉提斯。」

「我也這麼認為！」我同意地說：「我覺得自己也該開始多做點運動了。」

人們經常問說是否能看看我和名人客戶的合照。可惜，我沒有太多這樣的照片。我通常去到這些人的家裡看診時，會尊重他們的私人空間，因為這是他們平時退離公眾生活的避風港。在這種私密空間裡要求合照並不適合。不過，如果我們是在公開場合或在演出場合碰面，倒是可以提出要求。我唯一一張和比利．喬的合照，就是在理查．羅傑斯劇院的後台，他在那裡就是公眾人物了。還有一次我去看《亨利四世》，主演者是我的客戶凱文．克萊恩（Kevin Kline），而且在後台史蒂夫為我拍下一張和凱文穿著浮斯塔夫肥胖服裝的合影。

當然，並不是所有的獸醫都跟我有著一樣的想法。我曾經因為發現史派克的眼睛有問題，將瓊．瑞佛斯轉介給一位眼科專科獸醫。幾年後，當我自己的狗也去看這位醫師時，我一進檢查室就看到牆上掛著她和瓊．瑞佛斯肩並肩的合照。我當時心想，**我認識瓊二十五年了，連一張跟她的合照也沒有**。**而這位眼科醫師只見過她一次，牆上就掛著一張親密的合照**。話雖如此，我仍然堅守我的原則。

史蒂夫．馬丁（Steve Martin）是位典型的紐約人，也是我非常喜愛的客戶。我不僅是他電影和書籍的影迷與書迷，也很喜歡他參與演出的影集《破案三人行》（*Only*

Murders in the Building）。我記得有一次去他家看診，我站在關著的門外，靜靜地聽他在屋內彈奏斑鳩琴。我知道一旦按了門鈴，他就會停止彈奏，這場私人音樂會也就結束了。我當然也想跟他合照，但在他家裡提出合照的要求，違背了我們之間的專業關係。我唯一見過他的地方是在他家，但這並不表示我不想和他拍張合照。

有一天，他的辦公室來電，提出一個非比尋常的要求。他正在長島市的經典電影和電視製作設施「銀杯工作室」（Silvercup Studios）拍攝電影《粉紅豹》（*The Pink Panther*，舊譯「頑皮豹」）。他們詢問我是否能去看看他的黃金獵犬「羅傑」，因為他整天都待在片場陪著他。

我通常不會跑到曼哈頓以外的地方治療病患，但我還是答應了這次的要求。「莎莉，」我興奮地說，「我們要去皇后區了！」

「這個約為何讓你這麼激動？」她問。

我解釋說：「我從來沒有去過電影拍攝現場。而且史蒂夫．馬丁會穿著戲服，對吧？也許我可以和他拍張合照。」在這種情況下，他的工作場所整天都有鏡頭對著他，跟他要一張合照似乎並不為過。

去長島市的路上，我一直跟莎莉說：「真不敢相信我終於能和史蒂夫．馬丁拍合照了！」她笑著說：「你太興奮了，艾咪醫師。」

我毫不掩飾我的激動。

當我們被允許進入片場時，我在片場後方興奮地跳躍。能夠站在電影拍攝現場，光是這點就讓我很開心。四周都是一些看起來像假的一樣的二維畫面，但我知道經過後期製作加工後，這些畫面看起來就會像是在巴黎。

一位製片助理把我們帶到馬丁的拖車上，那是一輛十八輪大卡車，上面有鋪著波浪紋的金屬台階可以走上去。現場還有好幾輛拖車排成一排，外觀看起來一模一樣。進了馬丁的拖車，裡面看起來就像一間漂亮的工作室公寓，有一張大號的床，一個佈置著漂亮家具的客廳區域，還有一個功能齊全的小廚房，絕對可以煮一頓三道菜的晚餐。當然，他沒必要自己煮飯，因為外面就有餐車。

羅傑就在裡面，像每次看到我一樣地搖著尾巴，史蒂夫則不見蹤影。莎莉看到了我的失望，安慰我說：「他會過來的。」

她說的可能沒錯。每次我們去公寓看羅傑，史蒂夫總會一起待在那裡，詢問他心愛的狗狗情況如何。因為羅傑是他最親密的忠實伴侶。

我開始為羅傑做身體檢查。我用平常的一半速度進行，然後再減到以四分之一的速度繼續，盡一切可能地拖延，滿心希望我的明星能夠出現。最後，當我無法拖得更慢時，他終於走進拖車。我準備好了。

他穿著《神探可倫坡》（Inspector Clouseau）式的服裝——包括標誌性的鉛筆小鬍子（pencil mustache）和笨拙的法國偵探會穿的那種風衣——手裡拿著手機，正和電話另一端的人交談。他對我們點點頭，繼續與對方講電話。從他的語氣和表情看來，可以感覺到他似乎對某件事感到不滿。在他成為我客戶的這麼多年來，我從未聽過他像現在這樣提高嗓門說話。

莎莉給了我一個非常明確的暗示信號，意思是「**今天千萬別向他要求合照**」。我點點頭表示同意；他今天顯然沒心情合照。

我們按正常速度收拾好東西。馬丁結束通話後，轉身問我說：「有什麼關於羅傑的事需要告訴我嗎？」

「沒有，他很好。檢查結果幾天後會打電話告訴你。」

我在過昆斯博羅橋往曼哈頓的路上都沒怎麼說話，心情有些低落。不過，雖然我沒拍到合照，但能夠親自參觀這部大製作電影的片場，甚至在明星的拖車裡待上一會兒，依然讓我覺得這一天充滿了難忘的驚喜。

這種工作的另一項福利，就是可以讓外地朋友刮目相看。

在我第一次為比利・喬的寵物看診兩天後，史蒂夫和我接待了來自加州的朋友洛麗和賈許。他們想去看《搬出去》（*Movin' Out*）這部以比利・喬的大量原創歌曲為基礎、並由偉大的編舞家塔普（Twyla Tharp）創作的百老匯音樂劇。

我們買了票，在等待進劇院時，史蒂夫以只有他能做到的那種面無表情的語氣說：「順便告訴你們，比利今晚會來。」

他只是在開玩笑，但他們居然信以為真。洛麗驚呼：「天啊！他真的會來嗎？」

「沒有啦，史蒂夫剛剛瞎掰的，」我糾正道。

演出確實相當**精彩**。比利的音樂，塔普的編舞，這是我們看過最棒的音樂劇。觀眾都站了起來，為連續兩次的安可喝彩。然後，當第三次安可的帷幕拉開，我們以為演員們會出來再次鞠躬致意時，舞台上竟然是比利．喬本人！他一個人坐在鋼琴前。竟然被史蒂夫說中了。

觀眾都為之瘋狂。

我轉向我們的朋友，對史蒂夫使了個眼色後說：「看來在我們家不是只有我會魔法。」

比利充滿活力地演奏了一首〈義大利餐廳的一幕〉（Scenes from an Italian Restaurant）作為安可曲，觀眾不停地喝彩。

當我們離開劇院，心情飛揚地走在百老匯街道上時，我對朋友們說：「跟我來。」現在換史蒂夫疑惑地看著我。

我帶著我們的朋友走到理查．羅傑斯劇院的舞台門邊，擠過人群走到最前面，然後在我的名片上寫了幾個字。我揮手引起安全人員的注意，然後告訴他說：「請把這張卡片拿給比利．喬先生。」

舞台門前的安全人員讀了卡片，看了我一眼。我解釋說：「我是他的獸醫。」

他回應道：「我從沒聽過有人用這種說法。」然後他進去了，馬上又出來說：「喬先生說你可以進來。」

我們四人一起走到後台，比利正在和知名演員萊瑟（Paul Reiser）聊天。我們一起聊了大約十五分鐘，拍了一張很棒的合照，然後該離開了。於是我們一起走到外面，他們上了豪華轎車，我們和朋友則步行前往我最喜歡的奧索餐廳，享受了一頓美妙的晚餐。那時我幫比利家的寵物看診時間還沒有很久，所以是他的優雅以及星星正好排成一列（幸運之意），讓這次難以置信的經歷成真。

作為比利．喬的獸醫，樂趣持續不斷。後來一次的上門出診，比利當時住在東五十七街的四季飯店。在為他其中一隻巴哥犬檢查時，我聽到他說：「這之後我要去史坦威（Steinway）。」

史坦威音樂廳是著名鋼琴公司 Steinway & Sons 的展廳，當時就在幾個街區外的西五十七街，靠近白金漢飯店，而我家就在那邊。

我說：「你知道嗎，我家就在史坦威旁邊，白金漢飯店曾是帕德雷夫斯基（Paderewski，波蘭鋼琴家）的家。」

白金漢飯店曾是帕德雷夫斯基的最後住所，他是當時最偉大的鋼琴家和作曲家，也是自由波蘭的首任總理。他的個性極其鮮明，擁有一頭狂亂的頭髮。當時的母親常常告誡孩子們說，若不乖乖梳頭，頭髮就會「像帕德雷夫斯基一樣」。他一八九一年在全新的卡內基音樂廳進行在美國的首演，該音樂廳就位於白金漢飯店和史坦威的對面。他就像當時的米克．傑格（Mick Jagger，滾石合唱團主唱）一樣，在歐洲各地巡迴演出。

而他在舊的麥迪遜廣場花園的每場演出都會完售。

我為何會知道這些呢？這是因為白金漢飯店前面安置了一塊紀念帕德雷夫斯基的銘牌。當帕德雷夫斯基於一九四一年去世時，成千上萬的粉絲排隊來此致意，長長的隊伍從第六大道排到了好幾個街區之外。

比利回應：「哇！我彈奏的正是帕德雷夫斯基的鋼琴。」

他當然應該用帕德雷夫斯基彈過的鋼琴，比利甚至可能還擁有一架貝多芬彈過的鋼琴呢。

「跟我一起去史坦威音樂廳，我會為你彈奏帕德雷夫斯基彈過的樂曲，」他說。

我們一起走過幾個街區到了史坦威，比利在那裡為我和一些剛好在場的客人演奏了相當美妙的音樂，彷彿我們是私人觀眾一樣。就一個住在五十七街上的紐約人，或者說就比利．喬的獸醫而言，今天真是個美好的日子。

11 欲望寵物城市

Sex and Pets and the City

書對我來說一直都很重要，其中《大地之歌》名列我的榜首。而另一本對我影響深遠的書是《怕飛》（*Fear of Flying*），這是關於女性性解放的首批小說。這本書出版時，我還是巴納德學院的十六歲大一生，被書裡的每個字深深吸引著。這本書是由艾麗卡・鍾（Erica Jong）所寫，她也是巴納德的校友。

大約二十年後，這場關於女性的革命仍在繼續。坎迪斯・布什奈爾（Candace Bushnell）在當時以鮭魚紅為主色系的《紐約觀察家》週刊上，撰寫一個相當直率的專欄，描述她在曼哈頓約會世界中的經歷。她在一九九六年出版的書《欲望城市》（*Sex and the City*），就是根據這些專欄所寫，而在我作為出診獸醫上門拜訪的每一間公寓裡，幾乎都能找到這本書。

在一九八〇年代末期，我也曾是坎迪斯的獸醫，不過當時她的書尚未出版。後來我甚至成為了艾麗卡的獸醫。這兩位作家和她們的書都跟我有了交集，就像住紐約常會發生的那樣。

坎迪斯專欄所屬的報紙《紐約觀察家》，是由亞瑟．卡特（Arthur Carter）所擁有，他是一位銀行家、教授、傳奇記者暨藝術家，也是「城市寵物」的最佳客戶。他不僅幫我在 Le Cirque 餐廳那晚取得更好的桌位，還把我推薦給許多客戶。不過他也提醒我，他不會把我推薦給所有人，因為他不希望我忙碌到他無法隨時預約。

他推薦的其中一個朋友是位擁有十五歲比熊犬（bichon frise）的女性，因為狗的年紀較長，所以必須待在家裡接受照護。我的這位病患「普契尼」有心臟病和慢性尿路感染，而她的主人正是艾麗卡．鍾。

我很高興能見到這位改變二十世紀許多女性世界觀的女性主義偶像，也很期待看到她的公寓，認為一定是充滿感官誘惑和奢華、掛著編織布料和搭配流蘇的波斯地毯，像後宮女性房間或精靈瓶的內部一樣奢華。當然，艾麗卡一定過著「性感」的生活。我是說，她住在六十九街欸！在我心中，這次上門出診可能就像《欲望城市》這部從專欄到書籍、再到 HBO 電視劇的成功作品的一集。或許我可以扮演一個「性感獸醫」的角色？

艾麗卡住的這棟大樓在曼哈頓算是相當大、擁有超過三百間公寓房。我和卡莉達搭電梯到二十七樓，與那位穿著制服的電梯服務生同行，他的唯一工作就是負責按電梯按鈕。

她的公寓果然如我所想。無論你往哪個方向看，都能看到有著彈性乳頭的胸部和私處圖像。進門的牆上掛著藝術家韋瑟曼（Tom Wesselmann）創作、描繪女性裸體的霓虹燈輪廓畫，色彩鮮艷，大小如人形。我曾近距離看過梵谷的畫、波拉克（Jackson Pollock）、赫斯特（Damien Hirsts）的作品，以及其他許多重要藝術品，但艾麗卡家的畫作卻是我第一次接觸到的情色普普藝術。

令人遺憾的是這項性感的上門服務發展不如預期。普契尼病得很重，他的各種疾病都相當難處置，治療一種疾病（腎衰竭）就會加劇他的另一種疾病（心臟衰竭）。他還患有膀胱感染和嚴重的關節炎，讓走路變得非常困難。我多次回到艾麗卡的性感天堂，對普契尼的治療方法進行微調，直到艾麗卡不得不讓他安樂死為止。在我讓十七歲的普契尼安詳離世時，她握著他的腳掌，而她的貓「拿鐵」和「義式濃縮」在一旁看著。

之後我就沒再也接到性感上門服務的約診了。

瓊．瑞佛斯的約克夏犬史派克是隻非常性感的狗。儘管已經做過結紮，但仍有一個名叫「卡梅麗塔」的女朋友。卡梅麗塔其實是隻粉紅色的絨毛拖鞋，瓊本來想丟掉它，卻因為史派克經常對它「表達愛意」而無法丟棄。

因此我常接到她的管家凱文的電話：「他又來了，而且它回不去了。」

「我馬上到。」

「它」指的是史派克的陰莖。

我發現在窩裡的史派克已經精疲力竭，旁邊趴著的是疲憊的絨毛拖鞋卡梅麗塔，史派克的小口紅狀陰莖暴露在外，所有人都看得到。通常，一隻多情的狗狗陰莖會在性行為後縮回包皮的外鞘內。但史派克和他的絨毛女友卡梅麗塔會「做」很長一段時間，以致他的陰莖變得太乾，無法滑回包皮內，結果就卡在外面。

史派克對卡梅麗塔的愛是如此真摯，以致這件事經常發生。這種問題原本並不需要專業的獸醫護理，但瓊堅持讓我過來，幫它塗上ＫＹ凝膠，讓他的小小「男子氣概」足夠濕滑，好回到它本來該在的地方。

我重複向她展示我怎麼做，並說明她可以自己為他這麼做。

「我**才不要做**這件事！」她說。「世界上沒有免費的勞動（hand jobs，指用手幫別人自慰），即使為史派克也一樣。」

我有一些受診寵物會像「性警察」一樣地監視他們的主人。

最近一次拜訪三十多歲、才剛新婚的瑪麗和米契夫婦時，瑪麗告訴我說：「每次我們做愛，泰森都會狂吠，並在床上跳來跳去，這很令人分心。」

泰森是一隻四歲的吉娃娃（Chihuahua），在兩夫婦結婚之前為瑪麗所飼養。他們住在東三十四街附近，離紐約大學朗格尼醫院不遠處的一室一廳公寓。米契是一位外科住院醫師，他的工時很長而且很難固定時間，還包括許多夜間值班。由於他們兩個都有難以懷孕的問題，因此他們的性生活多半被安排在瑪麗排卵的時間。

利用午休時間快速完成任務已經夠讓人緊張了，更何況最近他們無法完成這項重要任務。因為每當他們進入情況時，泰森都會吠叫、咆哮並咬住米契的腳。當他在某個下午咬破米契的皮膚時，這隻狗顯然已經越界，妨礙了米契和瑪麗實現他們的目標。

於是他們打電話給我，想知道為何泰森是如此討人厭的性阻礙者。

「跟我說說妳跟泰森的關係，」我問瑪麗。

「我們二十四小時都待在一起。每當我出門，就把他放進我的包包裡，像芭黎絲・希爾頓（Paris Hilton）一樣。」她微笑說著，一邊深情地看着泰森。

我解釋說：「一隻與某人緊密相連的狗，很可能會變得具有高度的保護欲。」

「當你先生在做一些看起來很像是傷害妳的事情時，泰森試圖想要阻止他。」我解釋說：「對泰森來說，你們的聲音和活動看起來可能像是在打架。」

「那該怎麼辦呢？我們試過把他鎖在浴室裡，但他瘋狂地抓門，指甲都流血了。」她說。

「他仍然可以在浴室裡聽到你們的聲音。」我解釋說：「他可能很恐慌，因為他無法保護妳。所以泰森必須在你們做愛時離開公寓。」

瑪麗看著我，好像我瘋了。「他要去哪裡？」

我想了一會兒，然後問：「有沒有鄰居可以在你們午餐約會時照顧泰森？」

她笑著說：「有，隔壁鄰居是位自由作家，很喜歡泰森。她應該整天都在家裡，我認為她會願意照顧他一個小時。」

接著她補充說：「不過，根據我丈夫的時間表，可能只需要十五分鐘！」我們都開心地笑了。

就這樣，他們解決了這個難題。鄰居願意在夫婦「很忙」的時候照顧泰森，讓他們終於有了一對雙胞胎。當然，泰森對這些新出現的小人也不會覺得很開心就是了。

回到我在公園東的日子，來談談「迪娃」吧。迪娃是一隻屬於艾莉森和比爾的大型伯瑞犬（briard）。這對半退休的六十多歲夫婦，每每在週末時帶著迪娃參加「野外測試」（Field dog trial）*，一起享受這樣的時光。由於他們常在週末帶著她參加活動，她在這方面已經變得相當出色。

他們有天很早就打電話過來，表達對迪娃狀況的擔心。因為前一晚她沒吃晚飯，這對迪娃來說很不尋常。他們說她整夜都在吐，今天早上也一直在乾嘔，但什麼也沒吐出來。我請他們立刻帶迪娃到醫院來。

動物無法描述自己的問題，所以我必須依賴觀察以及主人的描述來做出推論，就像一位動物醫學「偵探」一樣。在調查的過程中，艾莉森說迪娃曾吃過不該吃的東西。在我檢查迪娃時有了發現。當我觸摸到她的肚子，她顯然很痛，而且她的舌頭上還纏繞著一塊彈性纖維，一路延伸到她的喉嚨裡，深入食道。

「迪娃應該是吃了不該吃的東西，」我告訴艾莉森。

艾莉森說：「她已經超過一天沒吃東西了。」

「我不認為是食物。必須拍張X光片才能更瞭解情況。」

X光顯示迪娃的胃完全脹滿，腸子也全擠在一起。她舌下的彈性纖維附著在她吞下的東西上，填滿了她的胃。她的腸子拼命地試著將異物排走，但由於異物纏繞她的舌頭，被固定著而無法移動。

大多數的嘔吐病患接受的是流體和藥物治療，但迪娃必須立刻動手術去除異物。因為X光片上擠成一束的腸子，可能會讓腸道血液供應受到壓迫。如果不迅速矯正，很可能會致命。

在迪娃進入麻醉狀態後，我剪斷纏繞在她舌下的彈性帶，這樣就能停止對腸道的拉扯。接著我切開她的腹部，集中注意力在她的胃和腸道上。我在她的胃部做了一個切口，終於看到了異物。那是一條女性的絲質半身襯裙，大部分都塞在迪娃的胃裡。

* 譯注：狩獵犬的競技活動，包含各種測試項目。

我竭盡所能地將那件襯裙取出，但仍有一部分卡在她的腸道裡。於是我又在她紅腫的腸子上做了兩個小切口，取出剩餘的絲質物品。迪娃吃下了整條襯裙，如果不是彈性腰帶卡在她的舌頭下方，她本來應該可以自行排出這些異物。在我縫合傷口的時候，她的腸道開始正常收縮，並恢復為粉紅色，這代表血液供應的情況良好。

手術結束後，迪娃正在恢復中。我把那條潮濕發臭的襯裙放進一個密封袋裡，帶到等候室給迪娃的家人看。「哦，原來這條襯裙被她吃進去了，」艾莉森一邊搖頭一邊說，「我還到處找它。」

迪娃這個病例比較不尋常，因為她一直在吃女性內衣。我曾經從她的胃裡取出一條超薄的灰色絲襪、一條性感的午夜藍絲質內褲，還有一條華麗的哈倫風格裝飾的內衣胸罩過，這條胸罩的輪廓在X光片上非常明顯。我不確定迪娃是否只是隨便吃下任何放在旁邊的東西，我甚至懷疑迪娃（還有她的飼主媽媽？）可能患有內衣癖。

由於迪娃非常受人歡迎，每次參加週末展示活動，總是有很多人圍觀。在某次活動中，迪娃突然停在場地中間，然後嘔出一條女性的黑色丁字褲。現場所有人都看到了。

艾莉森瞪著她的丈夫，尖叫著說：「**那不是我的！**」

她丈夫臉上露出驚恐的表情，過了一會兒，兩個人都笑了起來。因為他們想起來了。迪娃在前一晚抵達飯店時，鑽到床底下，出來時已經吞下了某樣東西。她吃下去的很顯然是某位住客的丁字褲。

雖然這件事沒引起婚姻問題，但確實讓他們對飯店的清潔服務品質感到擔憂。他們決定再也不住那家飯店了。

一般來說，大家都認為讓寵物吞下藥丸很困難。即使將藥丸藏在美味的食物中，牠們也會在貪婪地吞下肉或乳酪後，趁你不注意時，巧妙地把藥丸吐出來。牠們很擅長這點，尤其是當牠們給你那種「不，這裡沒什麼可看的」的表情時。事實上，狗狗因為這種行為而臭名遠播，以至於寵物食品公司會專門製造一些「欺騙牠們」的產品，例如可以藏匿藥丸的特製「同笑樂軟糖」（Tootsie Roll），以協助牠們吞下藥丸。既然我們很難餵狗狗吃藥，那為何當我們掉了一顆藥丸在廚房地板上時，牠們卻會毫不猶豫地把它吞下呢？

「奧斯卡」是一隻九個月大的查理斯王騎士犬（Cavalier King Charles spaniel），他一點都不想吃藥。每個月要讓牠吞下心絲蟲預防藥，都是一場持續的奮鬥。

奧斯卡是蕭家夫婦的狗，這對年長的夫婦住在東六十五街和公園大道交界處。他們在外貌上看起來是典型的上流社會人士，蕭太太總是穿著香奈兒品牌的衣服，而蕭先生即使在星期天，也會穿著三件式西裝和軍團領帶（regimental tie，英式斜紋領帶）。在他們的老狗去世後，我對他們願意再養一隻小狗感到驚訝，因為就一對八十幾歲的夫婦來說，養一隻小狗的負擔可不小。儘管奧斯卡有些難纏，蕭家夫婦還是像寵愛孫子一樣地疼愛著他。

蕭太太通常沉默內斂，但有一晚她焦急地打電話過來說：「艾咪醫師！我剛剛看到奧斯卡站在我丈夫的床頭櫃上，咬著什麼東西。結果我拿出來看，是一瓶我丈夫的藥丸，已經被他咬掉了一部分，我想奧斯卡吃進了一些藥。**我不知道那是什麼藥，因為他把標籤也吃掉了**。」

「好吧，深呼吸一下。我們來回想整個過程，看能不能弄清楚到底發生了什麼事。」我問她：「你有你丈夫的處方箋嗎？」

她哭著說：「沒有！我也聯絡不上丈夫。他現在在哈佛俱樂部，我有留話請他盡快回電。」

就在這時，她的室內電話響了。是蕭先生打來的，抱歉地說他剛打完一小時的壁球。蕭太太迅速告訴他發生的事，並把兩部電話都設在免持擴音模式下，這樣我們三人就可以聽到每個人所說的話。「我們來逐一檢查你吃的藥吧。」我對蕭先生說，「然後你太太可以檢查它們是否還在床頭櫃上。」他說：「好，有立普妥（Lipitor）。」

「對，我看到了。」蕭太太說。「沒被咬過。」

他接著說：「還有艾必克凝（Eliquis）和希樂保（Celebrex）……」

「對，上面也有那些藥，都沒被咬過。這些都在，**還缺什麼**？」

我很想說，對於這種年紀且患有高血壓、關節炎和心房顫動的蕭先生來說，能打一個小時的壁球真是讓我印象深刻，現代醫學真的太先進了。

「嗯，還有一個。」他有點不好意思地說。

「是什麼藥？」我和蕭太太同時問，他說：「是……是男人用的那種。」

蕭太太恍然大悟地說：「天啊，奧斯卡吃了威而鋼！」「對，一定是這個。威而鋼！那瓶藥被咬開，裡面全空了！」

這段回顧對我來說已經夠尷尬，接下來的步驟還要更尷尬地計算奧斯卡到底**吃下多少**顆威而鋼。我們得從處方藥瓶裡的總顆數開始計算，然後計算自從拿到藥之後，蕭家夫婦一共用掉了多少顆威而鋼。

「好吧，處方藥是在三個星期前重新開的。」他說：「一開始是三十顆。」

「那……這三週內我們……呃……多少次了？」蕭太太低聲問。

「嗯，親愛的，讓我想想。我知道有一次是晚宴，然後就是那場晚會之後。」我覺得他忘記我也在聽。蕭家夫婦一邊討論過去三個星期的性生活日曆，而我在一邊聽著。他們推算出奧斯卡一定吃了十六顆藥，也就是說，這對外表端莊的老夫妻在**過去二十一天內竟然有過十四次性生活**。**這**可真是現代科學的奇蹟。

我停下來消化這個訊息，在心裡為他們致上崇高的敬意。接著我進入醫師模式，說：「奧斯卡吃了十六顆威而鋼，這可真是個問題。」

我打電話給動物中毒控制中心確認這件事，這是一個二十四小時服務的熱線，提供給獸醫和一般客戶使用。對於奧斯卡這種體重的狗來說，吃下這麼多威而鋼是相當危險的。可能會影響他的心臟，導致嚴重的低血壓。所以他必須住院接受血壓控制和過夜觀察。

「我已經在去醫院的路上了。」蕭太太說。

第二天，當奧斯卡被允許返家時，蕭先生過去接他。我在當晚打電話詢問狗的情況時，我敢肯定蕭先生是笑著說這句話的：「把威而鋼給奧斯卡真是浪費，因為你在兩個星期前就已經把他給閹了。」他開玩笑地說。

他的心情很好，我們都笑了。我不禁在心裡想著，蕭家夫婦是否已經重開了處方箋，並在昨天晚上用掉了一顆。

大家普遍認為最好的性行為是自然發生的。但作為一名居家出診獸醫，我必須說，這句話有時並不正確。喬治和我每個月都會去治療一隻患有慢性萊姆病的鬥牛犬。主人告訴我家裡沒人，他們不會鎖上門。通常我會在他們位於公園大道的公寓廚房裡找到這隻狗。當我們處理完病患後，喬治說：「家裡沒人，你收拾器材，我去一下洗手間。」

當上門獸醫很重要的一件事就是：我們在工作時總會擔心能不能找到洗手間。大多數客戶從來不會想到為我們提供洗手間。有時覺得問起來會太尷尬，所以我們通常會到星巴克、動物醫院或是在客戶不在家的公寓裡解決。

正常情況下，這位客戶會待在家陪狗裡進行治療，我們也從未去過廚房以外的地方。所以有所需求的喬治便開始四處開門，尋找洗手間。

當我在廚房收拾東西時，突然聽到他大喊：「天啊！」接著，我聽到一位年輕女子也跟著喊說：「天啊！」喬治紅著臉跑回廚房說：「走吧！走吧！」

我們拿起東西跑進電梯。一進電梯，他就開始笑了。「發生了什麼事？」不知發生什麼事，我也跟著笑了。

他說：「我打開一扇門，發現有一對年輕男女在床上。」這個家裡有一個應該在學校上課的兒子，我猜他以為可以趁父母都不在家時，翹課回來跟女友約會。

我們從未對他的父母提過這件事，他自己當然也沒說。而且，我們當然也會繼續治療那隻鬥牛犬的萊姆病。但從那次以後，每當他們告訴我們家裡沒人時，我們還是會按門鈴。我希望我在其他地方出診時也一定要記得按門鈴。

12 我很美，所以我的寵物也必須很美

I'm Beautiful, so My Pet Must Be, Too

野外的動物會展示自己的外貌特徵，藉此爭取配偶的青睞。例如那些羽毛色彩鮮豔的鳥類，或是展示巨大鹿角的雄鹿，都是為了吸引異性而特意展示自己的英姿。但在曼哈頓的水泥叢林中已經絕育的寵物們，並沒有生物學上的理由去在意其他貓狗如何看待牠們的外貌。甚至就算牠們在鏡子中認出了自己，也不會意識到自己的外貌如何。

不過動物外貌的吸引力，**顯然**對牠們的主人來說很重要。尤其就一些曼哈頓的客戶來說，他們常常是因為寵物的外貌而選擇飼養某個品種，而這些品種的特徵是**人類**認為吸引人的——雖然從動物的角度來看，這些特徵可能並不重要。狗展上的冠軍，應該不會覺得自己比其他選手長得更好看。

我的大多數客戶都會無條件地愛他們的寵物。但也有一些客戶對寵物外貌的執著，成了他們與寵物關係中的重要元素，有時甚至因為他們對寵物外觀的迷戀，讓我難以對寵物提供最佳的醫療照護。

我第一次見到羅貝塔和理查是在公園東動物醫院，他們坐在候診室裡，兩人中間有隻淡黃褐色的大隻巴哥犬，名叫「塔夫特」。那隻狗其實是一種英國獒犬（English mastiff）的幼犬，將來會長到像個冰箱一樣大。羅貝塔和理查每次都會陪塔夫特去接種幼犬疫苗，而且他們是很好的客戶，總是遵照我的所有指示。只有一件事例外。

當塔夫特滿一歲時，我請他們坐下來談談為他做絕育手術的事。我曾經提過這件事，現在時候到了，所以我再次提出，但理查夫婦說他們還沒做好準備。到了塔夫特快兩歲並且完全長成大狗時，我再次提起這件事。

我對他們說明建議這項手術的所有理由，「不僅對健康有益，對他的個性也有好處，」我繼續解釋：「未絕育的公狗可能會因為睪固酮濃度過高，對其他動物變得有攻擊性。這也會讓其他動物因防禦而對他有攻擊性，尤其是體型像塔夫特的這種大狗。更重要的是，那會增加罹患某些疾病的風險，例如攝護腺疾病。因此絕育可說是狗的『標準護理』。」

雖然羅貝塔專心聽著，但我可以看到理查臉上帶著堅定和抗拒的表情。「我的狗絕不會被切掉睪丸，」我話才說完，他立刻爆出這句話：「他是隻強壯的狗，我不希望他看起來像隻母狗。他生來有那個，我就應該讓他保留下來。」理查本身就是個體型高大、很有自信的人，我覺得現在討論這個問題，對他來說在某種程度上有點像是

「自我映射」（self-reflective）。

我並不擔心塔夫特變得具攻擊性。他雖然看起來很可怕，但其實是一隻內心充滿愛的溫馴巨人。即使沒有絕育，他仍是我見過最甜美的一台七十多公斤的垂涎機器。

每次我們出診去理查夫婦位於西區大道的兩臥室舊公寓，他們都不在家。那間公寓結構精美，但他們似乎沒花心思做佈置或裝飾。整個家看起來就像是才剛搬入，還在等家具送達。家裡的廚房相當小，我從沒見到有被使用過的痕跡，不過這一點也不奇怪，因為他們擁有幾家相當受歡迎的曼哈頓餐廳。他們可能每晚都在外面吃飯，所以根本不需要在家裡備齊食材，更別說開火做飯了。

每次我到這棟大樓，理查家的門衛總是笑臉迎接我，因為我都會給他一些關於他家貓咪的免費建議。「今天是來見誰，艾咪醫師？」他問。

「那隻大男孩啊，」我回答，接著他就會把理查家的鑰匙交給我。

當我插入鑰匙打開門時，我會聽到塔夫特的爪子在復古地板上刮擦的聲音，隨後就是他雷鳴般的吠聲，全速朝著門口的訪客跑過來。一般情況下，如果主人不在家，我不會貿然進入有一隻**龐大**且未絕育的公狗的家，但我對塔夫特毫不擔心。我轉動鑰匙，小心地打開門，先讓他看見我。他一看到我就停下來，滑了幾步，然後一百八十度轉身跑進另一個房間。

許多寵物病患一看到我就會**跑開**，但塔夫特不一樣。兩秒鐘後，他再次全速跑回，嘴裡叼著一隻巨大的絨毛刺蝟玩具，準備和我一起玩耍。他會把那個沾滿口水的玩具丟到我腳邊，然後給我一副最充滿希望、讓人心融化的渴望眼神，他的整個臀部都在搖擺。

塔夫特並不介意我幫他打針或是做其他令他難堪的事，他只在乎我的關注，並且會回報我的愛。每當我的醫療工作結束，我總是會延長時間，讓自己多點時間和塔夫特互動並玩耍。

到了六歲的時候，塔夫特開始出現健康問題。理查告訴我，塔夫特會大量喝水，並在公寓裡隨處溺尿。我可以確定應該是幾種常見的情況——糖尿病、尿路感染、腎病或肝病，這些病症都必須透過血液和尿液進行檢查。於是我在出診前準備好採集樣本的設備。

理查夫婦這次待在家裡。塔夫特同樣帶了他最喜歡的玩具給我，但我看得出來他不太開心。進行檢查時，當我觸摸他的腹股溝區域時，他微微地顫抖。而當我抬起他的尾巴，並將套著手套的手指插入他的直腸檢查攝護腺時，他嗚咽了起來。

在進行直腸壁指診時，狗狗的攝護腺應該像一顆剝殼的大荔枝一樣，光滑、有著對稱雙葉，並且可以稍微壓縮。但塔夫特的腺體腫大且不規則，當我觸摸時，他顯得很痛苦。光靠手指檢查，我無法做出確定的診斷，必須透過更進一步的檢查來告訴我是良性的攝護腺增生、攝護腺感染還是攝護腺癌。我知道可愛的塔夫特很可能得了攝護腺癌，這種診斷表示他在剩下的日子裡會非常不舒服。

理查看到我臉上的憂慮表情，立刻問我：「情況有多糟？」

「塔夫特的攝護腺有問題，」我告訴他們：「我會送檢血液和尿液樣本，並安排做超音波檢查，這樣才能確定是感染或是癌症。但我覺得可能是癌症。」

羅貝塔聽了以後情不自禁地哭了起來，她含淚問：「是因為我們沒有讓他絕育的關係嗎？」

理查低頭看著客廳裸露的地板，什麼也沒說。我忍不住想著他堅持不讓塔夫特絕育的選擇，這些年來是否曾在他們夫妻之間爭論過。我敢肯定在我離開後，他們會進行一場激烈的對話。

我回答：「可能……是的，」但我並未多加解釋，因為我覺得如果將塔夫特的病因歸咎於理查當初的決定，那會非常殘忍。雖然確實是錯誤的決定，但我看得出來他已經背負了足夠的內疚感，我不想再加重他的負擔。

我回復到獸醫的專業模式說：「我們來談談接下來的治療，等我們拿到實驗室的檢查結果和攝護腺切片的檢驗結果後，就會制定治療方案。」

「任何事情只要需要，我們都願意做，」羅貝塔和理查異口同聲地說。

切片檢查的結果，證實塔夫特得了惡性攝護腺癌。由於腫瘤位置無法手術切除，塔夫特只能開始接受化療。即使降低劑量，他對治療的反應依舊不佳，每次接受化療，他都會病倒個幾天。

最後我和理查夫婦達成共識，決定在第三輪化療後停止治療。不久後，我這位大朋友再也無法進行長時間的散步，稍微運動一下就會呼吸困難。他的病情已經擴散到肺部。理查夫婦知道，塔夫特需要透過安樂死來結束痛苦，但像許多人一樣，他們仍然堅持到最後一刻。

即將到來的情人節是我和史蒂夫訂婚五週年紀念日。我們計畫當晚要在我們最喜愛的浪漫餐廳——藝術家餐廳（Café des Artistes）慶祝。我已經安排好提前結束出診行程，回家洗頭，並花點時間化妝。我也為了這個特殊場合穿上一條新的紅色絲裙。

我們正準備出門時，我的呼叫器震動了。我低頭一看，螢幕上顯示著「立刻聯絡理查夫婦」。

羅貝塔接的電話，但因為她的啜泣聲，我聽不清楚她說了些什麼，最後我終於聽懂她的話：「塔夫特無法呼吸，我們需要你，快點來。」

「我立刻過去。」

史蒂夫打電話到餐廳更改預訂時間，我則打電話請喬治一起到理查夫婦家幫忙。看到穿著華麗的禮服和高跟鞋的我時，喬治顯得有些驚訝。我們圍坐在塔夫特旁邊，我確實有點尷尬，因為我的裙子太短太緊，不太容易就這樣坐下來。坐好之後，羅貝塔輕輕托著塔夫特的大頭，理查則握住他的一隻腳。

我提起塔夫特的另一隻前腿，插進一根蝴蝶針管，透過它注射一系列的藥物。這些藥會先讓他鎮靜下來，然後再無痛地停止心臟跳動。

工作的過程，我的眼淚不自覺地流了下來，我精心化的妝容也跟著在臉上流了下來，滲透到那條簇新的紅裙上。塔夫特安詳地離開了。一切工作完成後，我收拾好東西，輕聲告別，並給他們夫婦一個擁抱。喬治留下來等候緊急火化服務人員到來，取走塔夫特的遺體。

回到家時，史蒂夫在門口正等著準備出門吃晚餐。不過在看了我一眼之後，他說：「我們還是待在家裡吧。」他遞給我一杯酒，然後我們一起吃家裡的剩菜。

十個月後迎來了除夕夜，史蒂夫和我在我們的週末小屋裡共度新年假期。那是一個美麗的晚上，滿月的光芒反射在雪花晶體上，讓夜晚幾乎像白天一樣明亮。正當我們準備離去參加派對時，我的呼叫器在晚上九點響了起來。

我打給了應答服務，服務員告訴我理查打來了緊急電話。理查？我無法想像他會有什麼緊急狀況。因為據我所知，他現在並沒有養狗。

所以又一次地，在我正準備去參加慶祝活動之前，我回撥了電話給他。「哈囉，理查，怎麼了？什麼事這麼緊急？」

「我們找到一隻新小狗了，我只是想和你談談他的情況。」

是**這種緊急狀況**？「理查，我很高興聽到這件事，但在除夕夜晚上九點打緊急專線，可不是一個好時機。我們可不可以在工作時間再談？」雖然他在不適當的時間發出緊急通知，但我還是很有禮貌地將這件事改期了。

三個星期後，理查和羅貝塔帶回了威爾森，又是一隻雄偉的英國獒犬小狗，擁有深棕色毛皮和充滿靈性的眼睛。威爾森也是一隻大狗，而且顯然為理查夫婦帶來了不少歡樂。他們在自己的餐廳裡為威爾森慶祝一歲生日，所有的好友和我都參加了派對。

生日過後，我開始強烈說服他們讓威爾森絕育。當然我說的並不是「如果你們幫他絕育，他就不會像塔夫特那樣死於痛苦的癌症」，但我確實希望沒說出來的訊息能被他們接收到。

羅貝塔完全贊同：「當然，我們會的。」

但理查依然堅決：「不，我們不會。」

這次我必須明確地說：「讓他絕育可以防止他得到攝護腺癌。」

「不行。」他說。「我的狗天生長怎樣，看起來就該是怎樣。」我盯著理查，試圖從他的眼中看出這種執拗的動機。在我看來，這件事似乎跟他和他的自尊心有關。理查是個身材高大、強勢自信的男人，他的狗也必須擁有威風凜凜的男性睪丸，以此證明他和他的狗都有「領袖」風範。這讓我覺得很荒謬，我想羅貝塔也有同樣的感覺。雖然那天我帶著「否定」的結果離開，但我也確保他們瞭解到這種決定違背了我的醫學建議。

每次見到羅貝塔，我都會提醒她：「現在還不算晚，可以幫威爾森絕育。」由於我的工作是為威爾森提供最好的醫療，因此我堅持不懈。

羅貝塔有次在診所回答我時說：「艾咪醫師，我真的很想讓他做絕育，但我做不到。即使我們趁理查不在家的時候動手術，但他一看就會知道。他太重視那些『睪丸』了。」

我突然有了靈感：「羅貝塔，我想到了一個方法。我看過一種叫做 Neuticles 的『陰囊假體』，白話一點來說就是『假睪丸』。我們可以幫威爾森做絕育，然後把這些假睪丸植入。這樣威爾森的外觀不會改變，但他不會再有那麼多睪丸激素，就可以減少他罹患攝護腺疾病的風險。」

話才一說完我就後悔了，因為我不該在主人不願意的情況下進行這樣的手術。但羅貝塔似乎讀懂了我的心思，她接著說：「你知道威爾森其實是我的狗。是我找到他的，我付了錢，和繁殖者簽了合約。」她停頓了一下，「我同意你為他做絕育手術並植入假睪丸。」

於是，我們趁理查出差的時間，按照計畫進行了手術。威爾森做了絕育手術，並將矽膠假睪丸植入陰囊。當理查從旅途返家時，威爾森已經完全康復。他跑過來迎接理查，那對大大的、非常顯眼的假睪丸，就像什麼也沒發生過地一樣擺動著。威爾森和理查像往常一樣互相舔舐，理查完全沒有察覺到任何異狀。

他從未對我提過這件事，我當然也沒再去問羅貝塔是否把這件事情告訴了理查。

這對我來說是一個艱難的決定，因為我一直認為與飼主之間應該保持溝通和透明度。但是在威爾森的情況下，其結果已經可以證明手術的正當性。羅貝塔作為他的合法主人，希望竭盡所能地讓他保持健康，而且塔夫特生病的記憶仍然銘刻在她心中。理查的反對似乎更偏向於維護他的自尊心，以及他對自家狗兒雄性外表的看重，這點可能也跟他自己有關。但由於我並沒有改變外表看起來的樣子，似乎達成了雙贏的局面。

住在第五大道，擁有模特兒般美貌的瑪麗娜並不是一位真正的模特兒。她擁有一頭髮尾自然捲曲、光采奪目的褐髮，很可能每個月都去美髮沙龍維持髮色。她的臉龐潔白無瑕，擁有一雙深褐色眼睛，身材曲線既優美又纖細。她總是穿著無可挑剔的服裝，淺褐色和棕色衣服突顯了她美麗的秀髮。她那迷人的俄羅斯口音帶著歐洲腔，就像是小時候離開莫斯科，前往索邦大學唸書，然後才來到紐約一樣。當然，我並不知道她的詳細經歷，只是猜想而已。

瑪麗娜有四隻華麗的北京狗。牠們有著可愛的小臉，上翹的鼻子上方有著大大的深褐色眼睛。她的每隻狗都有長長的毛髮而且十分有光澤，同樣呈現了各種褐色色調。如果她選擇狗品種的唯一標準，就是要與自己美麗的外貌相襯的話，那麼她真是選對了。

她所住的東六十街建築，有著大量的哥德式裝飾。門衛引導我和喬治穿過大理石拱門走到電梯，把我們帶到她位於十一樓的三臥室公寓門前。門一打開、我們直接進入她宏偉的公寓時，四隻搖擺著長毛尾巴的狗兒奔向我們。乍看之下，牠們就像是「杜立德博士」書中的虛構動物「推我拉你」（pushmi-pullyu），一種難以分辨前後的動物。

在第一次拜訪中，我花了一會兒時間才克服對瑪麗娜的美貌和她那一群造型完美的美麗北京狗帶給我的震撼。她帶我們穿過一間像她一樣無可挑剔的優雅公寓，屋內每扇窗戶都能清楚看到中央公園的景色。家裡養了這麼多長毛狗，你可能認為一定會看到地毯和家具上纏著一些毛髮，或是角落裡飄浮著毛團。但在這裡完全沒有，所以一定有一群清潔婦整天跟在這些狗後面，徹底清理每一絲狗毛。但奇怪的是，我從未在這座巨大的公寓裡，見過除了瑪麗娜以外的任何人。

星期四下午她獨自在家，身上穿著香奈兒。**這些財富是從哪裡來的呢？她是這裡的主人嗎？她有工作嗎？還是她天生富有？或者，她有一個富有的伴侶或某種資助者**？我努力不做任何假設，只專心地檢查她的狗。

起初是瑪麗娜打電話給我們，說她的五歲狗狗「弗拉德」有點不對勁，她帶著迷人的口音說：「他在餵食碗旁待了很長的時間，但我不確定他真能吃下那麼多。」

在檢查過程中，我查看了弗拉德的口腔。

天啊！他的口氣能讓天花板的油漆剝落下來。而當我觸碰到他的下顎時，他痛苦地叫了出來。

我對她解釋：「瑪麗娜，弗拉德的嘴巴有問題。我無法在沒有X光的情況下確定問題的嚴重性。」

她提議我可以立刻帶他去醫院照X光，我說：「情況比這更複雜，他需要全身麻醉來拍攝牙齒和牙根的X光片。我們必須清除長年累積的牙垢，以便查看他的牙齒狀況。現在他的口腔裡有大量細菌，正讓他的牙齦發炎，而且很可能已經在牙根處造成感染。那股可怕的氣味可能就是感染的徵兆。」

她的棕色眼睛瞪得很大，並開始揮手想把我和我的建議全都甩開，這讓她手上的寶格麗手鐲相互碰撞、發出叮噹聲。「他**不會**接受全身麻醉的。我會聽你的建議幫他治療牙齒，但絕不會做那個。不行。我可以用牙膏、牙刷。」

「刷牙無法治療感染或腐爛的牙齒。而且我需要X光來瞭解這個問題的完整情況。」

「他一旦被麻醉，就再也不會醒過來了，」她的聲音提高了幾度。「我不能答應，一定有其他方法。」

瑪麗娜完全拒絕這個計畫，所以我能提供的最佳方案就是注射抗生素和幫她上一堂口腔衛生課。我覺得有義務在弗拉德的病歷中，記下這位客戶拒絕我的醫療計畫。

當我們進入電梯下到大廳時，喬治轉向我並推測性地說：「俄羅斯大官的女兒、前妻或女友？」他總是對這種事胡亂推測，不過實際情況是：他對曼哈頓高級住宅區居民，有著出乎意料的豐富情報。

一個月後，瑪麗娜告訴我弗拉德的情況變得更糟了。「他聞起來很臭，臉也腫起來了。」

這次我檢查了弗拉德口腔，不必X光就能看出情況有多嚴重。口腔腫脹變硬，味道從他的下顎處散發出來，那正是他一個月前感到疼痛的地方。

我告訴她說：「這種程度已經不只是感染了，弗拉德很可能得了腫瘤。」我無法確定他口腔內的慢性發炎，是否就是促使腫瘤生長的因素；或是弗拉德天生就注定會得到癌症（或是兩者皆有）。無論如何，他都需要立即的醫療介入。所以我說：「如果診斷確定，他就必須接受手術。」

「不要手術！不要麻醉！」她堅持著。

我不禁想知道她對麻醉的焦慮從何而來。她是不是認識某個在手術台上死去的人？「如果是癌症而不接受手術的話，腫瘤就會變得更大、更糟，而且真的會讓他很痛苦。」

瑪麗娜同意做X光檢查，因為第一輪檢查只需輕度麻醉即可。他的胸部X光片顯示沒有疾病的跡象，但他的下顎X光片顯示出嚴重的感染或下顎癌的可能性。

我出來和瑪麗娜討論影像結果，我沒有粉飾任何消息：「他**必須**接受麻醉進行腫塊的活體檢驗和培養，我才能知道是什麼症狀，並推薦最好的治療方法給妳。」

她同意了活體切片檢驗。不幸的是，結果證實弗拉德罹患了下顎癌。唯一的治療選擇就是以手術切除一半的下顎，亦即下顎的下半部。

當我告訴她這個消息時，瑪麗娜看起來完全震驚地說：「不，我不能讓你這樣做。沒有下顎，他看起來會很醜。」

到剛剛為止，她的反對是來自對麻醉的恐懼；現在她反對這個拯救生命手術的理由是因為會影響弗拉德的**外貌**？難道她認為弗拉德少了一部分下顎，他就不再符合她所創造的完美世界了嗎？

「嗯，」我解釋道，「的確，如果是人類接受這種手術，就等於是毀容的情況。但對狗來說不同。他並不知道什麼是毀容，所以對他來說並沒有心理上的影響。而且他的狗朋友們也不會在乎。無論如何，他那些長長的毛髮會幫忙遮掩住少掉的下顎。」

她問我說：「他的舌頭會垂出外面嗎？」這又是另一個基於外貌的反對意見。

「可能會。」由於那個區域的牙齒會連同下顎骨一起移除，所以弗拉德的舌頭可能會垂出來。儘管如此，他還是能正常吃喝，雖然會有點亂。

「不，不行，弗拉德太美了。」她說：「他再也不會變美了。」

我改變策略。因為她的反對並不是基於弗拉德的心理或自尊問題，而是出於她自己，以及外貌在她生活中扮演的角色。

「瑪麗娜，告訴我。有了那顆可怕的惡性腫塊，還有那張顯示他正經歷極大痛苦的臉，他現在還美嗎？」

我本以為她會讓步地說：「天啊，當然，做你能做的任何事，讓我的狗變好。」但她的回答很簡單：「我不能有一隻醜狗。」而且她回答時，完全沒有考慮到這對弗拉德來說會造成什麼樣的影響。

我不得不思考，**難道她只是冷酷無情，或是真的病態地注重外表**？最後，想到弗拉德無法進食，而且會活在無法忍受的痛苦中，瑪麗娜終於克服了對麻醉的恐懼以及對狗美麗與否的奇怪堅持，讓步並同意了手術。

我承認這是一個相當可怕的手術。弗拉德右側下顎的前四分之一，從中線一半處開始往後切除。麻醉後，弗拉德剩下的牙齒被徹底清潔，而完全腐爛、受到感染的十二顆牙根都被徹底拔除。

手術後的前五天，瑪麗娜不想見他。弗拉德打著靜脈麻醉鎮痛劑，並且因為有點迷糊，嘴角淌流著帶血的唾液。第六天起，他的狀況有了明顯的改善，已經不再需要止痛藥，也會開始從碗裡舔舐像稀飯的食物。當他舔食時，很多食物濺到籠子的牆上，我相當確定這將會成為瑪麗娜乾淨無比的家中的一個問題。

不過弗拉德活下來了。在餘生的日子裡，他的舌頭一直垂在嘴邊，這或許減損了他的威風，但我覺得反而增添了他的魅力。他的左臉比右臉豐滿，因為右邊下顎的一半被切除了，但他的長毛相當程度地遮掩了這種不對稱，而且他沒有痛苦，活得很好。我曾經擔心瑪麗娜會因此減少對他的關愛，不過直到最後我都沒發現她對他有任何情感上的改變。

我並不是心理學家，但我懷疑像瑪麗娜這樣對自己外貌及周圍事物外觀如此看重的女人，是否會擔心自己的狗若是不美，她也會因此顯得不那麼出色？我們當然從未討論過這個問題，但我希望雖然弗拉德變醜，但她依然深深愛著他的事實，可以幫助她意識到不管外貌對她來說有多重要，她的自身價值並非來自美麗的外表，而是來自善良的心——那顆決定讓弗拉德活下來的心。

另一位對寵物外貌極為執著的客戶，同樣也是一位以對自己外貌極度執著而聞名的女性。瓊．瑞佛斯每年八月都會做整形手術。只要去接受「緊緻和修剪」手術，出來後她就會覺得整個人精神煥發。我的意思是她甚至還寫了一本書，講述她對整形手術的熱愛，書名叫做《男人很愚蠢……他們喜歡大胸部：一本關於透過整形手術達到美麗的女性指南》（*Men Are Stupid... and They Like Big Boobs: A Woman's Guide to Beauty through Plastic Surgery*）。

瓊是我的好友，也是我最忠實的客戶。甚至在我開始上門居家看診之前，她就一直是我的客戶。她總是毫不猶豫地向人推薦我，並讓我照顧出現在她生命中的每一隻狗。

首先是小約克夏犬史派克。

接著是另一隻約克夏犬「維若妮卡」，她收養維若妮卡是為了讓史派克有個伴。然後是哈瓦那犬（Havanese）「薩曼莎」，接著是北京狗「麥克斯」。在二〇〇〇年代中期，瓊與銀行家雷曼（Orin Lehman）訂婚。奧林是梅耶．雷曼（Mayer Lehman）的曾孫，梅耶跟他的兄弟共同創立了雷曼兄弟投資銀行。奧林送給瓊一隻波士頓㹴（Boston terrier）小狗「露露」作為訂婚禮物。我上門檢查露露，並為瓊的訂婚獻上祝福。

我開口說：「恭喜！你們打算什麼時候結婚？」

她看著我，彷彿我瘋了。「**結婚**？誰說我要結婚？我只是訂婚。」這對情侶最後沒有結婚。這就是瓊，她對生活有自己非常獨特的看法。露露身上的每個細節都令人矚目，因為她是我見過最大隻的波士頓㹴。這個品種的狗一般體重大約七公斤，但露露的體重接近兩倍，在她身材瘦削的日子裡，體重還有十三公斤。她並不完全符合瓊喜歡的那種三點五公斤小型犬、隨時隨地都可以帶著旅行的生活方式。然而露露是如此溫柔的生物，擁有聰明的尖耳朵和幾乎像人類一樣的眼睛。更妙的是，露露因為身上毛髮的花紋，讓她總是像穿著禮服一樣。

瓊愛她，我們都愛她。露露就像是完美演出的角色。

某天她和露露散步時，這隻十三公斤重的短腿小獸，竟然跳到離地一百八十公分的高度，直接抓住一隻鴿子！如果是一隻愛爾蘭雪達犬（Irish setter）做到這點，人們可能會感到驚奇，至於波士頓㹴，這簡直可以稱為傳奇。

有一次，我正在中央公園散步，露露看到了我。她拉著帶她遛狗的人朝我走來。遛狗的人是我沒見過的女士，她對我說：「對不起，她從沒這樣對過別人。」

「沒關係，」我說。「她愛我啊。」我彎腰撫摸她的頭，她立刻親了我的臉。我的大多數病患都不會親我，但露露的愛總是那麼熱情。

露露十歲的時候，有次從沙發上摔下來，自此開始跛行，因為她的右後腿受傷了。一般來說，跛行的狗需要休息和止痛藥，過幾天後跛行就會自然痊癒。但露露的情況不太一樣，儘管休息了幾天，她依然還是跛行，而且在一個星期後仍沒有好轉。於是我把露露送去獸醫骨科做X光檢查。

「露露有關節炎和一些老年相關的問題，」骨科獸醫告訴我說：「不過我在她的右腿上看到一些異常的地方，我想做一個切片檢測。」

根據X光片所顯示的位置和外觀，骨科醫師想排除骨肉瘤（osteosarcoma）的可能性，這是一種常見且相當痛的惡性腫瘤。在露露麻醉後，骨科醫師取出受影響部位的一小片骨頭樣本。結果等了一週才出來，確認真的是骨肉瘤。

幾年前，瓊曾經勇敢地讓我在她的廣播節目中，當場解釋史派克的切片檢查結果。這件事鼓勵聽眾在發現自家寵物身上有腫塊後，要立刻帶牠們去看獸醫。基本上她是在做公共服務宣導，這麼做無疑拯救了很多寵物的生命。這次我可以鬆口氣，因為瓊已經不做廣播節目了。

實驗室送來的結果是我能告訴她的最糟狀況。

我去了瓊位於東六十二街和第五大道的公寓，親自告訴她結果。這間公寓相當有名，也經常出現在建築和設計雜誌上。這裡就像是一座三層樓的小凡爾賽宮，裡面有壁畫、水晶吊燈、天鵝絨沙發、銀製茶具，還有各種小宮殿般的舒適設施。我就在這樣的環境中告訴她露露得了癌症，並解釋了這對她來說意味著什麼。

「你為什麼不在做切片檢查的時候，直接把那個該死的腫瘤切掉？」她有些急躁地問道。

「因為當初我們並不知道那是什麼。現在我們知道了，也知道這種癌症不可能只靠切除腫瘤進行治療。腫瘤的影響範圍比我們看到的還要大，而且很可能會繼續擴散。」我停頓了一下。瓊的目光緊盯著我，等待我說下一句話。

「唯一的選擇是截肢，」我說。

她毫不猶豫地回應：「這件事不可能。不，我永遠不會讓你把我家小狗的腿截肢，我無法這樣看著她。」

「她得了癌症，她正在忍受著痛苦，癌症會擴散。我看不出你還有其他選擇。只有截肢，她才不會那麼痛苦。」

「不，不，不，還是不。」

我對她最初的反應並不會太過驚訝。我知道瓊在她的脫口秀中，經常會開一些關於不漂亮、過胖甚至殘疾者的玩笑，我認為這只是瓊遊走在喜劇邊緣的做法。但儘管截肢對露露有好處，她現在確實是在反對。仔細想想，瓊本來就是個對美麗極度挑剔的人，我可以理解她無法忍受看到那麼美麗的露露，變成了一隻截肢犬。

這麼多年來，瓊從來沒有拒絕過我為她的任何狗建議的治療方式。例如史派克活到十六歲半，這對於一隻狗來說相當長壽，他活著的最後幾年需要進行心臟病和腎病治療。還有，我每週固定上門，為維若妮卡調節經常脹滿的肛門腺。瓊一直賦予我完全的權限，讓我做任何我認為必要的事。但這次不行。

「我就是不要這個手術，做完她就不再是露露了。」

「她一樣會是那隻搞笑的狗——事實上還會**更好**，因為她的痛苦會消失。」

「我不能每天都看著她那個科學怪人般的疤痕！」她堅持道。

我深吸了一口氣，直接告訴她：「那我們就得討論露露安樂死的時間和地點了。」

瓊說道：「別教我該怎麼做，艾咪。」

我永遠不會這樣！在我們的獸醫客戶關係中，我很早就學會了不要質疑她的意願。無論她是否採納，她通常對我的建議都很尊重，但她有她的底線。我們第一次真正的衝突發生在因為同樣的胃部問題，她第十次把史派克帶進公園東。「每次我們旅行回來，他好像就會這樣。」她一邊讓史派克注射平常的液體一邊告訴我說：「我覺得史派克並不喜歡飛行。」

「他當然不喜歡！」我當時說的可能比我想的還更急躁。「只有超級狗才能承受像你這樣的行程安排。史派克年紀大了，他已經很難跟上你的腳步。對於小動物來說，那樣的長途飛行非常痛苦。」我們所有人在飛機上都會脫水，但小型犬脫水的速度更快，這對牠們來說非常危險。

瓊的眼睛瞪得大大的，頭部在優雅的脖子上拉了回來，就像一條準備出擊的蟒蛇一樣：「我可沒問你該怎麼照顧我的動物，」她嘶嘶地說，「我只問你怎麼讓他好起來。」

我心想糟了，**這樣好像太過分了**。於是我低聲說：「好，我明白了。」所以我清楚地理解我們之間的規矩：不要質疑瓊的判斷，這個教訓我一直記在心裡。

但露露的事我必須堅定，因為這是癌症，她正忍受著疼痛。

為了尋求支持，我召集了所有愛露露的人。包括瓊的工作人員——她的管家、助理、居家照顧人員、遛狗員、狗看護等，把他們全都聚在一起討論情況。當我告訴他們露露得了會讓她相當疼痛的骨癌時，大家都開始流淚。他們瞭解瓊、也都愛瓊，所以也能理解如果露露變成一隻三條腿的狗，對她來說會有多難以忍受。

一天後，幫瓊整理家務的已婚夫婦凱文和黛比打電話給我。凱文說：「我們有個想法。」

「說來聽聽。」我急切地等待著解決方案。

「有沒有辦法把截肢的部位掩藏起來，這樣她就不需要看到它？如果她看不到，事情就好辦得多。」

這不光是個好想法，還是個很好的辦法。

我知道露露在截肢後一定會不再痛苦。而且當受影響的腿是後腿時，三腳狗仍然能行動自如。如果是前腿截肢就比較麻煩，因為狗的頭很重，除了得支撐住頭，還必須只用一條前腿來保持平衡。

我們都知道瓊最反對的原因是什麼，所以該怎樣掩蓋住後腿的截肢部位呢？當然是借助時尚啊！凱文、黛比和我一起設計並製作了露露的裙子，這些小裙子有彈性腰帶，可以固定在身上。我們考慮了跟狗有關的幾個因素，例如裙擺的長度要適合露露蹲下尿尿時穿著；裙子在背部較長，在下面較短，這樣她就能自由地走動和奔跑；同時，還要有足夠的布料來遮住截肢部位，避免讓瓊看見。

這個偽裝果然起了作用。瓊對露露的新裝扮非常開心，再也沒有提過手術或露露缺少的那條腿了。如今三條腿的露露不僅沒有病痛，還很時尚。

瓊・瑞佛斯的內心善良，終於超越了她在公眾形象上的執著。

露露並不介意失去一條腿，也不介意穿著各種顏色的裙子。她在手術後迅速康復，化療的效果也不錯。她每天都在瓊的三層公寓裡上下樓，週末則在鄉間別墅與其他狗狗一起玩耍，三條腿走得相當輕鬆。她就這樣一直快樂地活著，直到幾年後癌症終於戰勝了她。

當我們為露露安樂死時，瓊哭了，透過淚眼直視著我的眼睛說：「我當初答應做手術是對的，真不敢相信你差點說服我不要做。」

什麼？結果她在淚水中對我眨了眼。

那是瓊對我說的「謝謝你」。

我也含著淚回應：「當你對的時候，你就是對的。」這就是我對她說的「不客氣」。

我每天都在懷念那個女人。*

---

* 譯注：瓊・瑞佛斯於二〇一四年九月四日，八十一歲時因心臟問題過世。

13 飼主的祕密生活

The Secret Lives of Humans

即使是像我的客戶蜜雪兒・克雷爾（Michele Kleier）那樣頂尖的房地產經紀人，應該也很難想像我能以出診獸醫身分，在三十年職涯中進出那麼多的曼哈頓公寓。我們經常一天拜訪超過十二個家庭，每週五天，一年五十二週。我曾見過上東區的迷你凡爾賽宮、從《建築文摘》頁面上直接複製出來的西村頂樓公寓、家有壁球場的公寓大廈、當然還有不少擁有博物館級藝術品和古董的豪宅。甚至有一位古怪客戶，家裡養了一隻卡拉卡（caracal，學名獰貓，一種來自非洲的貓科動物），牠就像家貓一樣地在家裡閒逛。

我也曾去過一些髒亂的家，光是呼吸裡面的空氣就讓我擔心起自己的健康。不過那些不修邊幅的家，並不一定是你所想像的那種。因為看起來完美無瑕的公寓大樓，裡面可能隱藏著一個囤積症患者。而公共住宅區的簡單公寓，反而經常佈置整理得跟任何第五大道豪宅一樣溫馨好客。在我跨過某個門檻之前，我永遠無法預測將會看到或聽到什麼。

不過，事實是我並不會隨便進門。我們通常會跟客戶事先確認並再次確認預約時間。所以更讓我驚訝的是，客戶明明知道我和我的助理會去他們家為他們的寵物看診，但家裡還是大辣辣地擺著一些東西不收起來。我曾見過性愛玩具、非法藥物、治療某些健康問題（我當然不會洩漏出來）的藥瓶；也見過成堆的空酒瓶和烈酒瓶擺在地板上，另外還有過期的帳單、驅逐通知（Eviction Notice，積欠房租被房東驅逐）、掛在浴室垃圾桶裡用過的保險套，以及累積一週的髒衣服和放了好幾天的髒碗盤等。

並不是說我們會偷看，而是這些東西都大方地明擺著。我們經常得在公寓裡搜尋藏起來的寵物，一旦找到病患，我們就會在客戶指定的房間裡工作，通常是廚房，有時是臥室。對於不合作的貓，我的首選是小浴室，這樣牠們就無法逃跑和躲藏。而正是在浴室裡，我常見到一些讓難以忘記但又希望能夠忘記的東西。

為什麼客戶不把性愛玩具收進抽屜裡，或在我們來之前，趕緊回收空的伏特加瓶呢？我個人有幾個理論：可能是他們並不在乎我們看到什麼，因為那是他們的私人空間，他們本來就可以隨心所欲地生活；也可能是他們根本沒想到我們會注意到擺放著色情DVD的書架；當然更可能是客戶單純地信任我們——他們可以信任沒錯——因為我們絕不會揭露或評判他們的祕密。

然而，也有實在太過信任的情況。例如在曼哈頓第五大道的一間公寓裡，客戶不在家，而我在一個櫃檯上工作，旁邊整齊地放著三疊百元鈔票。有些客戶還會把一堆鑽石首飾和顯示帳號及餘額的銀行對帳單擺在明顯的地方。雖然這些年來從未出現問題，但我仍然擔心某一天我們在「城市寵物」的到府出診中，遇到遺失東西的情況，然後我們會遭到指控。所以請不要認為那些精明的紐約人，一定會對自己的貴重物品更小心一些。

有許多客戶很放心地讓我們在他們不在家時，上門為他們的寵物提供服務，甚至會直接給我們鑰匙，或透過門衛拿鑰匙給我們。不過有的時候，他們會忘記自己曾賦予我們這樣的入門權力。

有天早上，莎莉和我進入一位長期客戶的薩頓飯店式公寓裡，他是一位在金融服務業工作的中年男子。他說那天家裡沒人，門衛會拿鑰匙讓我們進去。我承認我沒有大聲喊說：「你好？城市寵物！有人在家嗎？」因為他請我在他的上班時間來為他的西施犬（Shih tzu）「丹迪」進行檢查。

丹迪聽到我們進來的聲音後，跑到了門口。我們便跟著他走進了廚房，因為那裡是我們通常工作的地方。令人吃驚的是，我的客戶並沒有去上班。相反地，我們發現他正坐在廚房餐桌旁，褲子脫到腳踝，筆電在他面前打開著。他沒聽到我們進來，因為電腦裡傳來響亮的呻吟聲和拍打聲——而他正專心地做他的事。

當他看到我們挑眉張嘴地站在廚房門口時，他立刻停下動作，鑽到桌子底下，我們也立刻轉身走開。道歉是多餘的，很顯然地他忘記了預約的事，所以他有權在自己家裡放鬆，無論是在廚房還是在家裡的任何地方。當他打電話來重新安排預約時，他補充說：「當然，請把那次取消的預約費用照算在我的帳上，是我自己忘記了。」我們對這件事當然會完全保密。

被我們稱為「裸男」的人有著完全不同的故事。傑瑞德是位自由職業作家，他的妻子是一位收入豐厚的高階主管。是她幫他們的暹羅貓「菲利克斯」預約了出診居家服務，而每次我們來到時，傑瑞德都會待在他們位於西五十七街的公寓裡。不論我們什麼時間過去，傑瑞德都只在腰間圍一條浴巾，或穿著緊身白色內褲來開門。

「早安，傑瑞德，」我向他打招呼，但眼睛始終不離開他的眼睛。

「今天你看起來不錯，艾咪醫師，」他回答說，「進來吧，隨時來，常常來啊。」這些無聊話就是他對我們的迎接儀式。

我知道他並沒有惡意，但要忍受他的不雅穿著和不合時宜的言語，真的讓人心煩。

「我會帶菲利克斯去廚房檢查，麻煩你去穿好衣服，」我向他建議，但他總是忽視我的提議。

我懷疑他故意透過半裸，對我們這個全女性工作團隊進行消極的攻擊，很可能是他在自己事業成功的妻子面前感到自卑的反應行為。我並不真的在乎他為什麼會這樣，而只是希望他不要再這樣做。即便是在自己家裡，這種行為也不好，畢竟我們是客人。

菲利克斯已經老邁，健康狀況並不好，所以我們經常去他們家。當菲利克斯被診斷出糖尿病，必須同時教他們夫妻兩人如何為貓注射胰島素時，我堅持兩夫妻都必須在場。不出所料，在那次的上門服務過程中，傑瑞德穿得十分得體，也非常有禮貌。當我進門看到時，忍不住說了：「傑瑞德，看到你穿著整齊真是太好了。」他的妻子起初有些困惑，但當她看到丈夫臉色迅速變紅時，馬上就明白過來了。我們離開後，這位裸男肯定被妻子好好訓斥了一番，因為他後來再也不會沒穿褲子就來開門了。

我最好的一位客戶名叫羅絲，她是一位育有兩個孩子的家庭主婦。她是個非常實際、腳踏實地又冷靜理智的女性。有一天，她慌慌張張地打電話給我，說她的貓「索菲雅」失蹤了。當時她正在位於東漢普頓的夏季度假屋裡，那是一棟美麗的雙層雪松木屋，後方是落地玻璃窗，還有一條通往海邊的小徑。

「艾咪，我快瘋了！索菲雅失踪了！」她一邊哭一邊說，「有人忘了關露台的滑門，她就跑掉了。」

接著，她告訴我過去五天的經過。一發現索菲雅不見了，羅絲和家裡的兩個小孩立刻開始搜索整間房子附近，並帶著貓的照片到鄰居家求援。她還報了警，警察和消防隊員也組成小隊到處搜尋，希望能找到索菲雅。她在小鎮上張貼尋貓啟事，露台上擺放著索菲雅的食物碗（浣熊對此大表感謝），並在門邊放了一個髒掉的貓砂盆（這個方法雖然聽起來有點奇怪，其實效果非常好）。

她已經做了所有該做的事，但儘管羅絲努力不懈，卻一直沒有關於索菲雅的任何消息。

「已經五天了，」她的聲音顫抖，「我擔心她……」

「別擔心，貓咪的個性很堅強，」我安慰她說，「牠們是天生的獵人。就算索菲雅是一隻習慣公寓生活的貓，但她依然有天賦的生存本能。」當然，如果她是被車撞到或被更大的動物吃掉，那些生存本能也沒辦法幫上忙。我雖然很清楚，但並沒有跟她提起這些可能性。

羅絲隨後有點猶豫地在電話裡說：「我拿到一位貓咪通靈師的電話號碼。我一輩子沒看過手相也沒查過星座，但我現在太絕望了。我應該打電話嗎？」

「當然，打吧，」我說，「反正沒什麼損失。」雖然我對貓咪通靈師沒有什麼信心，但任何能讓羅絲重新燃起希望的東西，我都覺得值得一試。

於是，羅絲撥通了貓咪通靈師的電話，這位通靈師名叫奧爾加夫人。

奧爾加夫人非常樂意幫忙。在羅絲以信用卡付費後，她開始了電話占卜。她對羅絲說：「跟我講一些關於索菲雅的事。」

「嗯，她很漂亮，」羅絲一邊說一邊哽咽，「她有長長的灰色毛髮，沒有尾巴，耳朵是摺下來的。她有點調皮，喜歡把東西從桌上打下來。她會一直跟著我，從一個房間跟到另一個房間。她會偷喝馬桶水，睡覺時會發出呼嚕聲……」

「我看到一個畫面，」奧爾加夫人打斷了她，「一條長長的道路。你家附近有這樣一條路嗎？」

「有！我們有一條很長的車道！」

「嗯，我看到車道的盡頭有一個洞，」她說，「去那個洞裡面找找看！」

羅絲拿著手機跑出房子，直到車道的盡頭。「那邊有一個下水道口！」她對著電話說，「我真不敢相信我之前沒注意到這個開口。我已經來過這裡一百次了。」

奧爾加夫人說：「我感受到那隻貓了。」

羅絲趴在地上，試圖透過下水道口的格柵看向裡面，但黑漆漆的一片，什麼也看不見。於是她跑回屋內拿手電筒，帶著孩子們又回到那個洞口。他們把手電筒的光束往下照進下水道，果然看到兩隻綠色的圓眼睛從裡面反射出來。羅絲尖叫說：「是她！**是索菲雅！**」

不到幾分鐘，東漢普頓的警察和消防隊員就趕過來了。他們把下水道的格柵撬開，成功地把梯子放進洞裡。一名消防員爬進去，幾分鐘後，就抱著滿身髒汙、喵喵叫的索菲雅上來了。

羅絲把這隻沾滿泥巴的貓緊抱在胸前，一邊對著還在電話那頭的通靈師和索菲雅的救援人員不停說著「謝謝，謝謝，謝謝」。那位救了索菲雅的消防員說：「沒問題，這就是我喜歡這份工作的原因。」當地一位獸醫在隔天下午檢查了索菲雅，就一隻困在下水道裡五天的貓而言，她的情況還算不錯。

當天稍晚，羅絲打電話告訴我整個故事：「你相信嗎？那位通靈師真的把我帶到索菲雅身邊了，而且她說得這麼**準確**。」

「真的太神奇了，」我真心同意。

「雖然是完美結局，但人們一定會覺得我瘋了，竟然會去找貓咪通靈師。請不要告訴任何人我找過通靈師！我不希望別人覺得**我很迷信**。」

對我來說，保守祕密算不上什麼大事。我說：「羅絲，如果你擔心別人怎麼想，那就別告訴他們。你的祕密我會保守的。最重要的是妳把索菲雅找回來了。」

幾年後，莎莉和我來到羅絲位於東區大道的豪華公寓出診。這是固定的行程，我們每個星期會過去兩次為索菲雅洗藥浴，以治療她的皮膚病（跟她在下水道困了五天無關）。

羅絲告訴我這次她不在家，讓我拿著幾年前她給我的鑰匙自行進去。就像往常一樣，一聽到我們進門，索菲雅就會跑向相反的方向，但我們知道她就藏在羅絲的床下。然而，這次我們沒機會在床下找到索菲雅。當我們走進臥室時，發現羅絲的丈夫和一位全裸的女人**正在**床上。

當他看到我站在門口時，他脫口而出：「不要告訴我老婆！」他**並沒有**說「你在這裡做什麼？」「讓我解釋一下！」，甚至也沒說「快滾出去！」他的第一個反應，竟然是要求我幫他隱瞞。

對我來說，這並不是難以抉擇的情況。我不可能為別人說謊，因為當羅絲像往常一樣，在上門診療後問我一切是否正常時，我該怎麼回答她？一**切正常**？不！我並沒有幫他保守祕密，我不能這樣做。所以羅絲很快就提出離婚，並獲得那間豪華公寓和索菲雅。

令人遺憾的是，當初她找通靈師解決貓咪問題的時候，沒有順便問奧爾加夫人關於自己婚姻的事。

這類情況還不光是我和助理所看到的而已，也包括我們「聽到」的內容，可能也暴露了客戶的祕密。經常有客戶在我們面前進行非常不合宜或極端私密的對話。他們會說（有時甚至是大聲喊）一些他們絕不可能讓朋友或同事聽到的話。我聽過情人之間說的露骨情話、父母斥責孩子的話，還有和律師的對話細節（會破壞律師對客戶的保密權責）。當一對已婚夫婦在隔壁房間激烈爭吵婆媳問題，並演變成對某人母親的惡言指控時，我們真的很難對寵物進行抽血，而這種情況很常發生。

為何客戶們在我面前如此不拘小節？我認為應該是同樣的道理：因為他們身處自己的私密空間，覺得在家裡可以隨意地表現自己，認為在家裡的對話不需要任何「過濾」，就算「寵物城市」的獸醫團隊在一旁也不例外。

我曾在一位常客家中，姑且把這位女士稱為「瓊斯太太」吧，她的丈夫是紐約最著名的商人之一。當我在檢查她的貓時，她正與一名男子進行著深情對話，我猜電話那頭應該就是她那位著名的丈夫，因為她說著像是「我愛你，迫不及待想見你，我好想你」等話。

我心裡想著：真棒啊，都在一起這麼多年了，這對已婚夫妻仍然這麼恩愛！

瓊斯太太靜靜聽著電話裡的聲音，突然驚訝地對我說：「我很抱歉聽到這個消息，不過你很幸運，艾咪醫師現在就在這裡。」接著就把電話遞給了我。

我愣了一下，**發生什麼事?!**

「艾咪醫師？」電話裡的男子說：「羅夫生病了。」

羅夫？我立刻認出這是誰的聲音（姑且稱他為「史密斯先生」吧），他也是我的常客，而且同樣已婚。羅夫是他的比特犬（pit bull）。

就在那一刻，他倆都意識到自己露餡了。他們在情人的甜蜜愛語中放下了戒心，當話題轉到對羅夫生病的擔心時，完全忘記我一直在旁邊聽著。

我簡單地告訴史密斯先生當天下午會過去看羅夫，然後把電話拿回給瓊斯太太，她已經變得臉色蒼白。我們三人對這件事都沒有再說什麼。

幾個月後，我又去了另一位客戶家，那是一位非常善於交際的女士（就稱她為米勒太太吧）。米勒太太問我說：「你照顧瓊斯太太和史密斯先生的寵物很久了吧？」我點點頭。「我聽說他倆為了對方，都離開了自己的配偶！你相信這種事會發生嗎？」

我抬起眉毛，搖了搖頭，表現出一副難以置信的樣子，然後咬住嘴唇，低頭繼續治療她家狗兒的耳部感染。

我在職涯的早期就認識了馬勒凱，當時我還是個年輕獸醫，剛進入公園東工作。馬勒凱身材高大、瘦長、有氣質，是一位來自愛爾蘭的神父，就住在上東區的某個修道院裡。在他引人入勝的生命中，他曾在梵蒂岡與約翰二十三世教皇共事，研究《死海古卷》。他是聖經考古學和古文字學的教授，撰寫過十七本書，其中以一本關於在埃及擔任驅魔人的暢銷書最為著名。

我很榮幸這位既迷人又聰明的男性對我產生好感，並成為我在公園東的忠實客戶。他那隻名叫「塔蒂安娜」的凱恩㹴（cairn terrier）似乎也很喜歡我。

在我被公園東突然解雇的四天後，馬勒凱聽說了這件事，並邀請我去位於東六十一街的義大利餐廳斯卡利納泰拉（Scalinatella）吃午餐。我們在午餐**前**喝了杯酒，他問我說：「你打算怎麼辦？」

我回答：「雖然我才離開四天而已，但我想我現在已經準備好要做什麼了。」聽到我這麼說，他的臉上露出很大的微笑。

「告訴我你會去哪裡工作，希望對我和塔蒂安娜來說不會太遠。」

我很高興地回答說：「會比你來公園東更方便些。」我告訴他，我會繼續看我的病患，但會改成在他們的家裡看診，所以這樣對他來說會非常方便。「我在公園東和顧客都處得不錯，就像我和你一樣。但現在我將走進病患家裡，我覺得這會更個人化一點，成為這樣的獸醫對我來說相當具有意義。」

當我說完時，這位我一直認為天性開朗的神父，突然顯得有些悲傷。他沉默著，一直到午餐結束，咖啡端上來的時候，馬勒凱才告訴我說：「親愛的艾咪，你對我來說非常特別，而且你是一位非常有天賦的獸醫。塔蒂安娜愛你，我也喜歡和你聊天。但你聽我說，我決定還是要留在公園東。」

我本以為馬勒凱會因為我說的話感到高興，並繼續成為我的客戶，所以這種反應讓我完全錯愕。「我不懂——」我進一步地說著。他打斷我：「我有私人的原因，我知道這是最好的選擇。」

我很沮喪地喝完咖啡。兩人沉默地一起走出餐廳並互相道別。

馬勒凱的拒絕讓我痛心。如果他如此關心我，認為我是個好人也是位好獸醫，為什麼他還是選擇待在公園東？走回家的路上，我感到相當不解和沮喪，最難過的是為什麼這個快樂而尊貴的人，突然不再出現在我的生活中。這也確實是我們最後一次見面。

多年後，馬勒凱去世了。我是在朋友家的冰箱門上看到他的訃聞，得知他的死訊讓我非常難過。

「你認識馬勒凱嗎？」我問她。

她說：「他是我們家的親密好友。」

我告訴她，當我開始經營「城市寵物」時，我對他不願繼續成為我的客戶感到驚訝和受傷。

她停頓了一下，然後說：「馬勒凱是個複雜的人。他是我母親最好朋友的伴侶，他們一直生活在一起。」

「可是他是耶穌會的神父，他應該不能……」我愣住了。現在我終於明白，馬勒凱過著非常私人而極度隱密的生活，如果我去他家為他的狗看診，我就會知道他不願意讓人知道的事。我至今都後悔沒有贏得他的足夠信任，讓我知道這個祕密，因為我至少可以告訴他，他的私生活並不會讓我改變對他的任何看法，也不會減少我對他的敬重。

我試著不被客戶的祕密影響。但儘管我所見到和聽過的奇人軼事已經這麼多了，有時仍然會感到驚訝。

卡爾・魯德曼（Carl Ruderman）是位五十多歲、衣著考究的男人，他住在離第五大道不遠、東八十二街上一棟高雅的聯排別墅內。他養了一隻查理斯王騎士犬（Cavalier King Charles Spaniel）。雖然我去過他家很多次，但我對他一無所知，只是假設他是一名律師或銀行家，因為他總是穿著三件式條紋西裝、白襯衫、愛馬仕領帶和英倫口袋巾。

經過多年的照顧，魯德曼一家突然不再聯絡我了。我一直以為他們換了新的獸醫，或是搬去佛羅里達過冬。

在二〇一八年的某一天，我正在喝咖啡並翻閱史蒂夫看的《華爾街日報》時，注意到魯德曼先生的名字出現在一篇文章裡。文章的標題是「證監會指控前《花花女郎》雜誌的擁有者詐騙投資者」，副標題是「卡爾・魯德曼和第一全球資本有限公司，被指控詐騙募集超過二・八七億美元的投資」。*

顯然，我對他是律師或銀行家的看法完全錯誤。事實上，魯德曼先生職涯裡的一部分，就是身為成人雜誌《上流社會》、《高潮》、《名人皮囊》和《花花女郎》的出版商，並且經營一個獲利豐厚的電話色情公司。他跟我的客戶艾爾・戈德斯坦不太一樣，魯德曼先生是一位「隱形」的色情出版商。他在業界被稱為「隱形人」，因為他在曼哈頓和邁阿密的上流社會朋友中，把自己的成人出版帝國隱瞞了起來。

證券交易委員會正在調查他，原因是他一直在經營一個龐氏騙局，並已經在四十二個州詐騙了三千六百名投資者多年，騙取幾億美元資助他過著奢華的生活——豪車、度假以及位於紐約和南佛羅里達的幾百萬美元豪宅。還有，我不得不假設，他也用這些騙來的錢支付了獸醫上門看診的費用。

就像是我自己的「伯納・馬多夫」（Bernie Madoff）**。

* 原注：「證監會指控前《花花女郎》雜誌擁有者詐騙投資者」，《華爾街日報》，二〇一八年八月二十九日，www.wsj.com/articles/sec-accuses-former-playgirl-magazine-owner-of-defrauding-investors-1535588221.

** 譯注：美國知名的龐氏騙局詐欺犯。

14 與眾不同的超級富豪
The Uber Rich Really Are Different

當我剛開始在曼哈頓擔任年輕獸醫時，我認為一百萬美元就是很多錢，足以讓你被稱為「有錢人」。但我很快就從我的客戶那裡學到，在銀行裡擁有一千萬美元的存款，才算是真正的有錢人。而隨著我的客戶群和見識不斷地成長，我又逐漸意識到，在紐約「富有」這個詞的真正意思，大約是擁有一億美元的存款，而且不是總資產**一億美元**而已。

但我也學會了一個道理：無論你多麼富有或多麼出名，當你成為一位飼主時，大多數人都是一樣的。你的牆上可能掛著莫內的畫，書架上擺著奧斯卡金像獎，但如果你的貓拉肚子，你就會只想談寵物拉肚子的事，也就是表現出飼主該有的樣子。

話雖如此，但超級富豪的行為偶爾**也會**讓人感到困惑，我花了很長的時間才學會不被他們的怪癖所影響。我的大多數客戶都很有禮貌，對待我如同對待受人尊敬的專業人士，就像他們對待醫師或律師一樣。但少數人——幾乎都是超級富豪——在這方面並不如我期待的那麼尊重我。

今天的第一個預約，是到一個住在東五十七街超高樓層的億萬富翁家。我們在前台登記——看起來像是一家飯店的櫃檯而不像住家。客戶要求我們使用服務電梯，而非正常的客用電梯。於是我們被帶到大樓外圍，經過轉角來到堆滿承包商設備和垃圾的服務入口。服務電梯把我們送上了六十樓，電梯門打開後是一間寬敞的廚房。我原以為會在這裡幫六十八公斤重的聖伯納犬（Saint Bernard）做檢查，因為我通常在廚房工作，雖然感到一點失望，因為無法看到更多這種《繼承之戰》（*Succession*）影集風格的公寓。

管家朝我們的方向咕噥了一句：「這邊。」

接著她把我們帶到另一個更偏僻的「後台空間」，一個大約只有二．八坪的狹小洗衣房裡。

「老闆說你們待在這兒。」

我、珍寧、我們的設備，加上那隻龐大的狗，幾乎沒有地方可以轉身。等檢查結束後，管家竟然還對我們大聲抗議，因為她剛洗過的衣物現在都散發著狗的味道。

有些超級富豪客戶不管帳單金額多小，都會盡可能地拖延支付。我剛開始出診服務時，會像家電修理工一樣，嘗試在服務當下就要求付款。有次在第五大道一間頂層公寓的地板上和一隻不太配合的德國牧羊犬搏鬥了半小時後，我告訴客戶她應該付給我多少錢。她從她那個價值三萬美元的紅色鱷魚皮柏金包裡，拿出價值一千美元的Gucci 錢包，說：「哎呀，我現在完全沒錢了！可以下次再付嗎？」

就在我們離開時，我聽到她正在打電話給盧緹斯（Lutèce，一家非常著名且價格昂貴的法國餐廳），確認她今天晚餐的預約，其價位很可能超過我無法收到費用的十倍以上。

有些富有的客戶乾脆直接把我的帳單轉給他們的財務經理，這個過程經常會把帳單送進黑洞中，即使我詢問也看不到了。「抱歉，應該是在處理過程中弄丟了，可以再發一次帳單嗎？」這樣的話常常出自那些錢比銀行還多的人口中。

甚至有人會耍心機來避免付款。

瓦萊麗是曼哈頓最棒的義大利餐廳經營者的第二任妻子，她有好幾隻狗由我負責照護。我常到她位於西區的公寓，而每次她都是用現金付款。現金支付在幾年前就不太常見了，因為她老公經營的餐廳帝國都是現金交易，因此我想這是不是她老公給她的零用錢？我們總是在去過她家後，立刻補滿「城市寵物」的小額現金箱，不必另外花時間去銀行領錢。

有一天，她說：「你知道嗎，你這個月已經來三次了，費用變得有點貴，我想我們可以做個交換。」

我理所當然地認為，她的意思是以獸醫服務換取她丈夫餐廳的美味義大利餐點，因為我實在想不出她還能拿什麼來交換，所以我回答說：「我很樂意！」

從那時起，每當她打電話讓我去照顧她的狗時，我都會記下本來要收取的費用，並告訴她數字。幾個月後，數字累積到了二千五百美元，這可是相當多的義大利麵啊！

時機剛好，我正想回報艾爾．戈德斯坦那次有趣的早午餐，打算回請他一頓晚餐，因為他是瓦萊麗丈夫餐廳的忠實粉絲。我覺得這次和瓦萊麗的「交換」應該會相當完美。

於是我打電話給她：「該兌現給我的承諾了，能不能幫我預訂下週六晚上四個人的座位？」

她說：「不行，星期六是我們最忙的晚上，能不能改成星期二、星期三或星期四？」

她的回答讓我有點吃驚。改成週間？當她打電話預約她的狗看診時，我可從沒說過：「今天太忙了，我沒空。」所以我堅持了一下，她才勉強答應幫我們安排星期六晚上的座位。

當我們與艾爾和他的約會對象抵達餐廳時，我對餐廳領班說：「我們是瓦萊麗的客人。」我並沒有對他做出眨眨眼之類的動作，但我覺得自己已經清楚表達了，餐廳老闆的妻子會為我們買單。我以為她已經告訴領班我們會來。

我們四個人吃了一頓美妙的晚餐，而且玩得很開心。大胃王艾爾享受了烤蛤蜊、凱薩沙拉、巨大的家庭式雞肉帕爾瑪、烤義大利麵、年份極佳的葡萄酒，還有他們的招牌巧克力麵包布丁作為甜點。當我們把盤子裡的食物一掃而光時，服務生把一張八百美元的帳單送到我們桌上……

我完全不能瞭解為什麼我會收到帳單，也不確定該如何處理。所以我放下二百美元的小費，在支票底部簽了名。就這樣結束了我們的聚會，大家都吃得飽飽的，有點微醺，心情愉快地離開了。

才走到街區的一半，服務生就追著跑了過來。

他抓住我的手臂說：「女士，您還沒付帳。」我說：「我簽名了啊，我們是瓦萊麗的客人。」

「你說的是誰？我不認識她。」我回答：「去問你老闆，他知道發生了什麼事。」

然後我們繼續往前走。我對這場在客人面前上演的劇碼感到非常尷尬，也開始對整個交易感到不安。難道是瓦萊麗忘了告訴領班免收我的帳單？我還以為早上的一通電話，已經談定了這件事。

隔天，瓦萊麗一早就打來了。她氣得火冒三丈，而我則感到震驚不已。

「你到底是怎麼回事？」她大喊，「你昨天晚上沒有付錢！」

我說：「等等。我沒付錢是因為我們有交換服務。我應該收取二千五百美元，但我在餐廳只花了八百美元。而且你應該知道我留下了非常慷慨的小費。」

「交換服務只是幫你預訂位置！」她大聲說，「不是用來抵扣餐費的！」

什麼？好吧，也許當初我們應該把交換條款說得更清楚一點，不過誰會為了預訂一家餐廳的座位，交換幾千美元的專業服務？那家餐廳**並沒有**那麼受歡迎，我完全可以自己預訂到位子。我之所以打電話給她，是希望她安排餐廳不收我的費用，因為要用欠我的帳款支付費用。結果接下來四天，她每天都打電話來指責我沒付帳，堅持我必須付錢。

我覺得到這種騷擾不會停止，因此第五天我約了餐廳老闆見面，解釋我為什麼當場沒有付帳。結果從他那裡得知，瓦萊麗根本沒告訴他我們的「交換」。更糟的是，原來每次她和我約診時，她丈夫都會給她一千美元現金支付我的費用。現在他卻發現，她竟然用這筆錢去買毒品。

後來我還是沒有支付那家餐廳的帳單，但也沒有收到瓦萊麗欠的帳款，他們可欠了我一千七百美元。更糟的是，我也不會再去那家美味的餐廳了。不過紐約還有很多優秀的義大利餐廳，也還有很多誠實的客戶，所以我可以忍受這兩種損失。

梅爾文先生是位非常古怪的客戶，經常自顧自地告訴我他在退休前是好萊塢的大製片人，後來才搬到曼哈頓的上西城。他對他的兩隻貓「瑞吉」和「維羅妮卡」疼愛有加。

某個星期六晚上九點左右，服務部門打電話給我，說有一個「非常緊急」的電話找我。我立刻回撥給他，問說：「怎麼了，有什麼我可以幫忙的？」

他說：「你必須立刻過來，瑞吉剛剛抓傷了我，他必須修剪指甲，而且必須在一個小時之內完成，因為我想在十點鐘上床睡覺。」

他是在開玩笑嗎？「抱歉，」我說，「我不會在星期六晚上上門修剪指甲。」

電話那頭沉默了十秒鐘後，他慢慢地說：「你知道嗎，在好萊塢，沒人敢對我說不。」很明顯地，他已經習慣了隨心所欲獲得他想要的東西。

雖然我相信他說的話，但我還是回答他說：「嗯，你現在是在紐約，在我們這裡，該說不的時候就會說不。我把你安排在星期一早上如何？」

又是一段長時間的沉默。「好吧，」他說完後就掛斷了電話。

這不是他第一次對我提出不合理的要求，也不是他最後一次聽到我說「不」。在我當他的家庭獸醫十年間，我們一直在這場「禮貌邊緣」的戰爭中較勁。我覺得他很享受這種遊戲，但我並不喜歡。

畢曲太太是來自第五大道的貴婦，某天下午她驚慌失措地打電話給我，因為她找不到她的藍寶石戒指，那可是家族的傳家寶，她焦急地問：「我該怎麼辦？」

客戶有時候會隨口問我一些和寵物無關的事，例如我最喜歡的裁縫店或乾洗店等，這類問題我通常有答案，但現在這個問題讓我有點困惑，於是我說：「抱歉，我真的不知道該怎麼辦，也許可以回想一下妳走過的路線？我曾經弄丟過我的訂婚戒指，著急地在公寓裡四處尋找，最後發現它就在我的呼叫器下面，呼叫器自己震動著滑過我的床頭櫃，壓在戒指上面。」

畢曲太太顯然對我的故事不感興趣。「我不需要神探南西（偵探小說中的女主角），我需要一位外科獸醫師。」

外科？**到底怎麼回事**？我說：「我真的不懂……。」

她不耐煩地嘆了口氣說：「我想應該是翠奇吃了我的戒指。我要你立刻為她動手術，取出戒指。」

翠奇是她家五歲的西高地白㹴（West Highland white terrier），這種狗以愛吃「非食物的物品」聞名。如果她真的吃下了藍寶石戒指，應該不算件大事，因為戒指不太可能穿透她的胃或小腸，也不會造成嚴重的傷害。

我說：「我能理解您的急迫心情。但在動手術之前，我們必須做一些事。首先，我們必須確認翠奇是否真的吃了戒指。金屬物品會在X光片上顯示出來。」

「為什麼要浪費時間？」她問，「我不希望戒指被那些液體和其他東西弄壞。**你直接動手術吧，我知道戒指就在翠奇的肚子裡**。」

「我完全理解您想讓我馬上動手術的心情，」我說，「但我必須先找到戒指，才知道從哪裡取出來。我相信您不會希望我在翠奇的肚子上隨意亂開刀吧？」

她很不耐煩地說：「快點做吧。」

我在醫院見到畢曲太太和她的狗之後，便急忙把那隻小西高地白㹴送進放射科做X光檢查。我試著向她解釋這個過程——我們會從各個角度拍X光片，然後沖洗底片，最後在燈箱上檢查影像。「過程大約需要十五分鐘，」我告訴她。

她呻吟了一下，彷彿我說的是十五個小時。「拜託，快點吧！」

天啊，這個女人真是沒禮貌。最後，X光檢查過程花了不到十分鐘，X光片清楚顯示出一顆我見過最大的藍寶石戒指輪廓。戒指的寶石部分在片中並未顯現出來，但那個多爪底座的設計很大，大到能放下一顆知更鳥蛋。我猜那顆藍寶石至少有二十克拉！而此刻，它正位於翠奇的結腸中段。

發現戒指在她的腸道**末端**，讓我鬆了一口氣。戒指順利穿過食道、胃、小腸和大腸，並未受到阻礙。我向畢曲太太報告這個好消息：「因為戒指的位置在消化道末端，所以不需要動手術，她會自己把戒指排出來。如果你想要的話，我們可以加速這個過程。」

「**不要！**」她大聲對我喊著，「**你根本沒聽懂我的話**，我不希望戒指多待在裡面一秒鐘！」

「手術對翠奇會有一定的風險。我強烈建議讓身體發揮自己的作用，結腸容納這麼大的戒指是沒有問題的——」

「就是結腸！醫師，**我……不……想……讓……我……的……藍……寶……石……戒……指……泡……在……狗……大……便……裡**！你聽懂了沒？如果你現在不動手術，我**立刻**帶她去找別的醫師。」

我眨了眨眼看著這位女人，對她扭曲的優先順序感到震驚。戒指已經在狗的腸道裡「燉煮」過了，不論現在取出來或是自然排出，結果不會不同。但她卻要求我對她的狗進行一個沒必要的手術。

就在這時，喬治走進房間，手裡拿著一塊捲成團的紙巾說：「我想這就是你在找的東西。」

我打開紙巾，看到了那顆**巨大的**藍寶石戒指。它大得就像眼球一樣。戒指只有稍微沖洗過，還殘留一些排泄物。

翠奇的動作可真快，顯然她也不想動手術。你可能以為這位客戶會因為找回她心愛的寶石而高興不已吧，她的反應卻是：「天啊！**這太噁心了！**」她用手捂住了嘴巴。

喬治不等她繼續說就幽默地插了一句：「順帶一提，翠奇現在安然無恙。」

畢曲太太要求說：「**你可以把它清理一下嗎？**」然後自言自語地說：「我可能再

也不會戴這個戒指了。」

我們把戒指消毒清潔後，還給了畢曲太太。她伸出兩根僵硬的手指接過戒指，彷彿戒指還是沾滿了糞便。我不知道她後來還有沒有戴過那個戒指。如果是我，我一定會戴著戒指，然後把它從進入黑暗到重見光明的奇特歷程，講給每個想聽故事的人聽。

另一方面，我也遇過一些極富有的客戶為了迎合寵物的心血來潮，完全不在乎珍貴的物品。

每隔三個星期我就會去看一隻名叫「伊奇」的十歲暹羅貓，為他進行腸道淋巴瘤的化療。我必須在進門後穿過中間走廊，才能抵達電梯搭上三樓。

這是我最喜歡的客戶家，並不是因為它的裝潢擺飾符合我的品味，讓我想住在那裡，而是因為在那個中央走廊的牆上，掛著一幅巨大的梵谷畫作。每次經過時，我都會停下來看畫。能夠欣賞到難得一見的偉大藝術品，成了我出診工作的一大樂趣。

有一次，客戶要我在治療完成後把伊奇關在浴室裡，然後把門關上。當我走下寬敞的樓梯到入口廳處時，我才知道為什麼要把伊奇關起來。因為我的客戶正在訓練她的鸚鵡「普蘭克斯特」，這隻鸚鵡正從房間一端飛到另一端，當鸚鵡看到我時，立刻停了下來——剛好停在梵谷畫作的畫框上。我猜是我讓牠感到緊張了，情況突然讓我驚恐起來——普蘭克斯特翹起尾巴，拉出一堆灰白色的濃稠便便，正好滴落在畫布上，形成一個小小的汙點。就在畫上，梵谷的畫上。我驚叫起來，脫口而出：

「普蘭克斯特在梵谷的畫上拉屎了！」

我的客戶不以為意地說：「哦，別擔心，普蘭克斯特常這樣。」然後隨意地叫住廚房的管家，讓他拿一塊布和 Fantastik 廚房清潔劑過來。

「擦掉就好了，」她輕描淡寫地說。

有些超級富豪客戶，尤其是那些擁有梵谷畫作的人，似乎根本不認為有任何世俗規則可以限制他們。

高登・蓋地（Gordon Getty）是石油大亨 J・保羅・蓋地（J. Paul Getty）的億萬財富繼承人。他的妻子安打電話請我去他們的第五大道公寓，在搬家之前為他們的貓打疫苗。我猜他們要搬去舊金山，因為他們在那裡有一棟豪宅。我曾看過關於他們舉辦「傳奇晚宴」的報導，每次晚宴約有八十位賓客，並且經常會邀請百老匯音樂劇的整團演員前來演出。蓋地夫婦是非常獨特的億萬富豪客戶，他們深度參與藝術和科學，收藏古董和畫作，創辦書籍出版社並建立博物館。他們也非常喜愛旅行。事實上，他們擁有一架波音七二七，專門用來前往尼泊爾、日本或其他地方。

那天我和喬治走進他們的公寓時，感到有點失望，因為他們大部分的財物都已經為了搬遷打包好了。不過，還有一幅小小的畫作靠在牆上，尚未裝箱。我看了看喬治，問他說：「那是梵谷的畫嗎？現在每個人家裡都有一幅梵谷的畫嗎？」我們大膽地進前觀賞，發現上面有我在博物館裡見過的、梵谷獨特的「Vincent」簽名。我問喬治說：「你覺得如果我們偷偷把它放進推車裡，會不會被發現？」

「藝術品盜竊的追訴時效是終身的，」他提醒道。「所以不太可行。」

「你怎麼知道這些？」我問。

在他回答之前，安優雅地走了進來，穿著休閒白襯衫和寬鬆的長褲，具代表性的棕色捲髮俏麗地扎成馬尾。隨後高登也進來了，他穿著牛仔褲和毛衣，頭髮花白，臉上掛著一貫的微笑。看著他，你完全無法想像他是《富比士》雜誌列出的世界最富有的人士。

他們把貓帶了過來，我開始在前門廳的紙箱上為貓進行檢查。喬治則準備好疫苗。

跟這對夫婦交談，我才知道他們即將搬到英國，而非舊金山。「我太晚知道了，你們可能會遇到檢疫問題，」我告訴他們：「這些疫苗不足以讓你們的貓進入英國。他們有一套複雜的動物進口程序，你們需要國際旅行證件，不然貓咪就必須接受隔離。」現在英國的隔離法規已經改變，但在當時還是極困難的流程，不僅會讓人感到繁瑣不悅，對寵物來說更是如此。

安說：「這點應該不會有問題。」

我說：「即使如此，你們也需要證件才能把貓送上飛機。」

高登說：「我們是搭自己的私人飛機。」

「就算這樣，你們降落時，入境官員還是會上你們的飛機檢查證件。」

「但他們看不到貓，」安笑著說：「我們會把牠鎖在臥室裡。」

原來他們打算把貓偷帶進英國，藏在他們私人飛機的特大雙人床臥室裡。

這真的是我從未想過的情況。

有些客戶認為我不光是獸醫，也是他們的朋友。就像潔西卡在我去她家看診時，就會跟我分享許多私人訊息。她住在上東區一棟帶有公園景觀的巨大複合式公寓中，經常與一些頂級社交圈人士交往。她和富豪朋友們一起擔任紐約市多個主要藝術機構的董事會成員，過著無憂無慮的生活。

無論我何時去她家看她的波斯貓（從不會約在中午前），潔西卡總是以精心打理的髮型、濃妝、珠寶迎接我們，並且總是穿著幾乎無法遮掩她美好身材的娃娃裝式睡衣。那種輕薄材質沒留下任何一點遐想空間——**什麼都沒有！**我只有在照片中看過她穿正式服裝，例如在《紐約時報》風格版上的照片，那是她在為公共圖書館募款的活動上拍攝的。她穿著一件深V領上衣和熱粉色亮片褲。她當然應該如此打扮啊，她有珍妮佛．庫里姬（Jennifer Coolidge）的風格，讓她看起來迷人又性感。你可以看出她的風格讓她自己很開心，而這也讓我覺得跟她相處是一件快樂的事。

我看過她的「衣櫃」幾次。那是一間寬六公尺、長九公尺的臥室，從地板到接近天花板處都裝設了衣架。衣架上掛滿色彩鮮艷的高級設計師服裝，色彩焦點是粉色系，衣服上則有亮片或羽毛等裝飾。比較令人失望的是，她有一個專放皮草大衣的衣櫃。

有一天，我去為她其中一隻波斯貓「克勞狄烏斯」看診，因為牠不太舒服。我做了一般性的血液檢查後，發現牠的腎臟指數偏高。

拿到化驗結果後，隔天我打電話給潔西卡，說：「我想做一個腹部超音波來檢查牠的腎臟，也需要採集無菌的尿液樣本。」

潔西卡說：「當然好，該做就做。」她就像大多數非常富有的客戶一樣，通常只會說「當然，你該做的都做；費用不是問題」，而且說到做到。

我提交尿液分析和尿液培養給實驗室，結果顯示裡面有一種非常罕見的細菌。

「克勞狄烏斯有感染症狀，」我告訴潔西卡。在理想的情況下，我每六個月會對所有年長病患做血液和尿液檢查，這樣我就能提前發現像腎臟變化或感染之類的問題，避免病患生病。

我告訴她克勞狄烏斯需要用藥，而她用響亮的聲音、幾乎是對著電話大喊說：「艾咪醫師，做你該做的。」於是我開始對克勞狄烏斯進行抗生素治療。

幾天後，潔西卡再次打電話來說：「你上次來家裡檢查後，我才想起**自己**也有一段時間沒做血液檢查了。於是我也去做了檢查，結果發現我的腎臟指數也升高了。更奇怪的是，在我的尿液培養中也發現了細菌。」

嗯……會不會是和她的貓一樣的細菌呢？「我們需要調查一下。我會把克勞狄烏斯的培養結果寄給你，你可以拿給你的醫生看。」

幾天後，她再次打來電話。「我真希望你是我的醫生，因為你解釋事情的方式實在太好，我的細菌果然和貓的一樣。我的醫生認為我不太可能把細菌傳給貓，也不認為是克勞狄烏斯把細菌傳給我。你認為呢？」

純粹巧合嗎？「如果是我，我不會輕忽這個問題。在清理貓砂盆時最好格外小心，並且在這件事情解決之前，先不要和貓睡在一起。」

雖然他倆的腎臟指數同時不正常，但潔西卡的醫師並沒有繼續追究，所以我們從未解開這個醫療謎團——那些相同細菌的來源到底是什麼，或者他們是否彼此傳給對方。那或許是從潔西卡的真鴯鶓羽毛圍巾帶來的？

在隨後的一次拜訪中，這次是來看潔西卡的另一隻波斯貓「安東尼」。她一樣穿著典型的透明娃娃裝，迎接我進入廚房。這次廚房裡還有一位衣著考究的男士，坐在我通常工作的那張大玻璃桌旁。他拿出四個黑色天鵝絨大托盤，開始在上面擺放貴重的金手鐲。

「艾咪，我很高興你在這兒，我需要你的意見，」潔西卡說：「這位是來自LALAoUNIS（希臘珠寶商）的布拉沃斯先生。我正考慮跟他買一些珠寶，」她指著他擺放在桌上閃閃發光的金飾。

布拉沃斯先生可能是從麥迪遜大道那家高雅的金飾店，把托盤裡的東西帶過來的，因為他的手腕上還戴著連接珠寶箱的手銬。我在公園東工作時每天都會經過那家店，常常駐足在他們的櫥窗前，凝視那些美麗的珠寶，心裡想著：**有一天，某一件珠寶會是我的**。

我喜歡這家希臘高級珠寶品牌，因為我很愛他們在設計中使用的古代歷史意象，例如希臘結（Hellenic knots）和神話人物等。你很容易就會聯想到每條項鍊、每個戒指、手鐲和每對耳環，都是由赫拉（Hera，希臘神話中的天后）或愛芙羅黛蒂（Aphrodite，希臘神話中的愛神）佩戴的。這一切也許是因為我的父系家族是希臘人，但更可能的原因是這些珠寶作品真是太美了，不僅工藝精湛，選用的珠寶和金屬也極其華麗。

而且，我和LALAoUNIS的項鍊還有一段特殊的緣分。

二〇一〇年，紐約市獸醫醫學協會要頒發「傑出獸醫服務獎」給我，我將在一場由喬恩．史都華（Jon Stewart）主持的正式晚宴上領獎。雖然我對獲得這項榮譽感到非常高興，但當時對我們而言卻是一段悲傷的時光，因為史蒂夫的父親才剛過世。儘管史蒂夫仍在悲痛中，他卻告訴我：「你的同儕要表彰你，所以我們要讓這個晚上別具意義。我們一起去波道夫．古德曼（Bergdorf Goodman）百貨，買一套世界上最美麗的晚禮服吧。」於是我們一同前往這家非凡而獨一無二的百貨公司，挑選了一條由永遠的設計師薇琪．提爾（Vicky Tiel）所設計的華麗性感紅色雪紡紗晚禮服。

晚宴開始前，我全身打扮好後，打開了臥室衣櫃裡的小保險箱，準備拿出要佩戴的珍珠項鍊。結果就在保險箱最前面，我發現一個包裝精美的禮品盒，盒上貼的便條紙寫著「**今晚戴上我**」。

真令人屏息。我打開盒子，看見一條來自 LALAoUNIS 的華麗項鍊！跟我晚禮服的領口完美契合，希臘式的設計中還融合了小巧的紅寶石，剛好與禮服的顏色相同。

我欣喜若狂，立刻跑去找我老公：「史蒂夫！你做了什麼？」他告訴我，他帶著我穿著薇琪．提爾晚禮服的照片和布料樣本，跑遍每一家珠寶店——從海瑞溫斯頓（Harry Winston）到卡地亞（Cartier），只為尋找一條能與新晚禮服匹配的項鍊。他的最後一站是 LALAoUNIS，終於在那裡挖到了金礦（當然也是字面意義上的金子），找到那條與我的禮服完美搭配的項鍊。

所以當我發現布拉沃斯先生和他在潔西卡廚房桌上展示的 LALAoUNIS 珠寶時，我回憶起當時所有的情感。那條美麗的項鍊代表了丈夫的愛和同事們給我的榮譽，對我而言非常特別。

潔西卡正一件一件地挑選這些展示品，豐滿的胸部靠在桌上，就像它們也在展示一樣。她試戴了每樣東西，專注在兩條純金鑲嵌的珠寶手鐲上。它們看起來很像，每個手鐲的閉合處都有一個大獎章形式，一個是獅子頭，另一個則是羊頭。上面以紅寶石、綠寶石、藍寶石和鑽石來突出動物的面部表情，既豐富又優雅。

「艾咪，你喜歡哪一個？」她問我。「你喜歡這個嗎？」她試戴了獅子頭手鐲，然後是羊頭手鐲。她沒等我回答，就對布拉沃斯先生說：「我不知道。我在想……它們都很美……我真的無法決定。好吧，我兩個都要。」

看著她隨便就下了決定，從我丈夫為了一生難得的事件費心挑選出的珠寶商手中買下昂貴的珠寶，我不禁想著：當一切都如此輕易，想要多少就有多少時，是否還能真正欣賞所有的一切呢？

我在一位著名的曼哈頓整形外科醫師家中，為他們患有心臟病的查理斯國王騎士犬「巧達」做檢查。像往常一樣，我把巧達放在廚房的桌子上。這個廚房是任何廚師夢想的工作場所。它有一台 Viking 雙烤箱、一台帶玻璃門的 Sub-Zero 冰箱、兩台洗碗機，還有一些我甚至認不出來的其他家電。在這個廚房裡，你可以做出任何食物。

但我來這裡已經五年，從沒見過有人在這裡準備食物，當然也沒看過有人開啟過任何一台機器。

有天晚上，我的客戶穿著她最喜歡的亞曼尼設計服飾，跟我談論巧達的健康問題時，她的女兒從另一個房間大聲抱怨說：「**媽！晚餐什麼時候吃？我快餓死了！**」

我的客戶立刻回應：「晚餐快好了！」

晚餐快好了？我站著的廚房裡除了獸醫器材外什麼也沒有啊。客戶對我說：「請等我一下。」接著走到牆邊拿電話，按下快速撥號按鈕，用氣憤的語氣說：「喂？貝納丁餐廳（Le Bernardin）嗎？我**四十五分鐘前**打電話訂的晚餐，到現在還沒送來。」

貝納丁是紐約少數幾家擁有三星的米其林餐廳。必須提前幾個月預訂，而且一頓飯的費用相當於你在曼哈頓的房租。而她竟然把它設為**快速撥號，並且是她家小孩星期三吃的晚餐**。

我在食物送來之前就幫巧達檢查完畢，所以永遠不知道是否會有穿制服的管家前來送餐。我回家後把剩菜加熱來吃。

某些超級富豪甚至可以創造自己的現實。這點對伊凡娜．川普（Ivana Trump）來說所言不假。我在公園東時期就認識她，那時她剛經歷與第二任丈夫唐納．川普的離婚醜聞，成為美國最有名、最迷人的單身媽媽。

她帶著黑色貴賓狗「恰皮」來到公園東，而恰皮的腿骨折了。我並不是她諮詢的第一位獸醫，她用捷克口音的英語對我說：「所有醫師都告訴我腿上要打釘子和金屬板，他們什麼都不懂。我曾經是職業滑雪運動員，我知道把釘子打進恰皮的腿，就會毀掉他的生活。」不過我同意她口中「其他獸醫」的看法，因為恰皮還年輕，動手術修復對他來說是最好的選擇，這是因為骨頭末端需要對齊並固定在合適的位置，才能正確地癒合。但顯然這不是她想聽到的話，所以她去了其他地方，幫恰皮打上石膏。

又過了幾年她才打電話給我。那時恰皮已經老了，身體出了不少問題，她打電話給我是因為恰皮咳得很厲害。他有心臟雜音、其他心臟病跡象，以及包括牙齒鬆動在內的嚴重牙齒問題，另外還有重度關節炎。

她對我說：「所以，他這麼了？為這麼咳得這麼厲害？」

我列出恰皮身上的問題，並且特別提到心臟方面的問題。「他必須做胸部X光檢查和心臟超音波檢查，一旦他的心臟問題處理好，我們還要幫他做牙科治療。可能也要幫他開點關節炎的藥。」

她說：「謝謝你。」

她可能在電話那端點了點頭，**不過我想她的蓬鬆髮型其實沒有動過**。

她再也沒有打電話進行後續的追蹤治療。

再下一次伊凡娜打電話來，是多年後她的貓「科西卡」出了問題。我去了她位於東六十四街的五層樓石灰岩聯排別墅，諷刺的是，它就在公園東動物醫院的街角。她的助理在紅色、金色相間的大廳迎接我，我在那裡等著我的病患。

伊凡娜穿著一件長罩衫和芭蕾平底鞋，手裡抱著一隻胖貓，優雅地從大理石樓梯上走下來。她對著空氣說：「科西卡眼裡有綠色的東西。」

她走到我面前後，我接過貓。「沒問題，讓我看看他。我該在哪裡檢查？」我問。「這裡，」伊凡娜指向一扇門，那扇門通往一條並不華麗的樓梯，然後通向建築物的地下室。

所以很遺憾地，我從未上樓參觀過她那個以豹紋為主題的書房、粉紅色大理石雙人浴室、客廳裡的白色大鋼琴、女兒伊凡卡的兒童臥室，還有聽說被伊凡娜稱為「印度支那」的衣櫥（據說是因為衣櫥太長了，以至於走到盡頭，就像是跨越到另一個大陸）。我所能看到的只有陰暗的地下室。我找了一張夠乾淨的桌子來檢查貓，發現他有嚴重的乾眼症。我解釋說：「他現在的情況需要多次使用眼藥水，很可能是終身治療。」

「好的，謝謝你，非常感謝，」她很禮貌地說。但她沒有拿藥，也沒再打電話來過。

我永遠不知道她在想什麼。她在寵物有問題時會打電話過來，但對於正確的治療卻沒有後續動作。這是超級富豪與眾不同的又一個真實例證。

15 誰才是病人？
Who's the Patient Here?

好的醫療不光是開藥和打針而已，尤其對於獸醫來說，還需要細心的觀察，因為我們的病患無法描述自己的症狀。因此，有時候獸醫除了觀察動物之外，還需要觀察飼主，並且還要意識到飼主也可能需要幫助。我自己就曾經接受過獸醫的醫療照護，也曾經在為寵物看診時幫助過一些人。

當我的老年盲犬碰碰因為重度關節炎，不再對傳統獸醫治療有反應時，我決定嘗試「替代療法」（alternative therapy）。

我打電話給我的同事兼老友獸醫艾倫．秀恩（Allen Schoen）。艾倫是最早專注於替代療法的獸醫，並寫過一本關於針灸的獸醫書籍。我認識他很多年了，當初是大一的生物學教授介紹我們認識。艾倫是他的大學室友，後來在康乃爾大學獸醫學院就讀。我和艾倫一直有書信來往，但直到我們都在動物醫學中心工作時，才真正見到面。艾倫後來在城市以北約九十分鐘車程的地方開設自己的診所，我會把我的病患轉診給他進行針灸治療，甚至還曾經讓欠我錢的餐廳老闆妻子瓦萊麗，帶一隻狗去給他看過

（我懷疑她會不會用免費的晚餐預約來和艾倫交換服務）。

有一次艾倫在幫碰碰針灸時看了我一眼，然後說：「艾咪，你的臉色看起來不太好，現在身體感覺怎麼樣？」

「是的，我真的不太舒服，」我說：「我現在有偏頭痛出現前會有的那種暈眩，不知道什麼時候會發作。如果是在回家的路上發作，我就沒辦法開車了。」一想到若是在高速公路上出現偏頭痛，同時還要照顧碰碰，就讓我更加焦慮。不過，碰碰顯然並不在乎。他就像往常一樣，儘管身上插著十八根針灸的針，依然躺著大聲打鼾。

我的新出診業務似乎加劇了偏頭痛。為了對抗這些頭痛，我的醫師不斷增加藥物的劑量，但沒有起什麼作用，反而讓我白天變得異常疲倦，情況嚴重到我經常想在繁忙的工作中回家小睡一下。

艾倫問我：「你介意我幫你做點治療嗎？」我從未做過針灸治療，但我知道碰碰從中獲得的緩解，所以我立刻同意。

艾倫先用手指按摩了我額頭和脖子後方的幾個壓力點。不到幾分鐘，我就不再感到暈眩，立刻感覺好多了。開車回家時，雖然一邊準備迎接偏頭痛的到來，但它並沒有發作。做了壓力按摩後（這是我生平第一次做），就算感到暈眩，也不會伴隨著劇烈頭痛了。

我本來是為了碰碰去找艾倫，結果自己也接受了治療。

那次臨時起意的壓力按摩改善了我的生活。我開始每週兩次去市區看一位針灸師。第一次看診時，他一針一針地仔細為我插上針，等我從非常深沉的睡眠中被喚醒後，已經過了半小時。當天剩下的時間裡，我的感覺都非常好。兩個月後，我已經不再需要依賴任何藥物，偏頭痛再也不是我的煩惱了。

如同艾倫一樣，我的治療工作也不僅限於動物。只要看到痛苦，我的直覺反應就是治療。所以每當我去客戶家治療他們的貓狗時，也可能會治療客戶本人。因此有時候，我的客戶也成了我的「病人」。

「珮西．克萊恩」是傑克布森家一隻脾氣火爆的三色貓（calico cat），他們住在上西區一棟沒有電梯的棕色小磚樓五樓。我對那幾層樓梯非常熟悉，因為我已經有很長一段時間每個月固定攜帶設備爬上這些樓梯。珮西患有晚期腎病，已出現許多併發症。她的主人普里希拉經常形容這隻貓是「在這世界上我唯一的依靠」。

每次我和喬治一起抬著一整個月的藥品和器材爬上樓梯，都會不停地抱怨。尤其是那些超重的無菌電解質輸液包，是我們教普里希拉每天都必須為珮西注射的東西。這隻貓已經十八歲半，對於治療不再有反應，而且已經變得非常虛弱，不再能和普里希拉互動，也停止進食和梳理自己的毛。我曾經多次嘗試跟普里希拉談論安樂死的可能性，但每次只要提到這個話題，她就會摀住耳朵。

我最後一次探視珮西時，普里希拉不得已下才聽我說話。當時貓半昏迷地側躺著，氣喘吁吁。我快速評估確認她正在痛苦的死亡過程中，不過我無法確定她會快速離開或是慢慢地離開。我讓普里希拉坐下來，對她解釋她別無選擇。

「珮西正在受苦，」我直言不諱地說，「她無法呼吸，如果我不讓她安樂死，她可能會痛苦好幾個小時。」

聽我說話時，普里希拉顯得有些茫然，因此我請她複述一遍我剛才說的話。最後她終於同意讓我幫珮西進行安樂死。在幫珮西注射安樂死藥水的幾秒鐘後，珮西就安詳地去世了。我把聽診器放在她的心臟上面確認，已經聽不到心跳了。

「她走了嗎？」普里希拉在哭泣中問我，我點了點頭，低聲說：「是的，她走了。」

普里希拉繼續抽泣，然後突然倒下，趴在地板上，開始用拳頭和腳踩打地面，像是在發脾氣。

「我不想活了！」她在哭泣中大聲喊道，「我也想死！」

我從沒見過這種反應。雖然我不知道該怎麼辦，但我知道不能留她一個人待在這裡，我必須認真對待她「我不想活了」的喊叫，但我並未受過處理這種情況的專業訓練。我需要幫助。

因此我有了一個想法。我請喬治先留下來陪伴普里希拉，然後開始在小公寓裡四處走動，打開櫥櫃的門尋找東西。我終於在浴室的藥櫃裡，認出了幾瓶抗精神病藥物，找到我想要的東西。雖然我知道打開藥櫃是侵犯隱私的行為，但鑒於情況緊急，我覺得在醫學上這是必要的。

開立處方的醫師姓名和電話號碼就寫在藥瓶上。於是我用普里西拉的家用電話，打電話到醫師的辦公室，並向接待員解釋我有一個緊急狀況，跟他的病人有關。

精神科醫師立刻接聽電話，我告訴他發生了什麼事。他要求跟普里希拉通話，於是我把座機的線盡量拉遠，把電話遞給普里希拉。醫師跟她通話幾分鐘後，她冷靜了下來。然後她坐起來，繼續和她的醫師交談。她看起來很疲憊，但行為舉止終於變得正常。

我還是不放心讓她一個人待著。我們一直等到她冷靜下來（雖然仍在哭泣），才帶著珮西的遺體離開。

當天我又打電話給普里希拉的精神科醫師關心她的狀況，雖然他不能和我討論她的病情，但他向我保證她現在沒事了。

後來我再也沒聽到普里希拉的消息。也許她沒養貓了，所以不再需要我。但我經常想起她，提醒我人性有多脆弱。有時我會目睹這樣的事，有時我也能提供一些關懷。

梅爾文先生，就是前面提過那位脾氣專橫的退休電影製片人客戶。他現在已經七十多歲，仍然養著他的兩隻貓——雷吉和維羅妮卡。他和他的妻子，前「次女高音」歌唱家，住在林肯中心附近一棟現代化建築的四十三樓公寓裡。我不記得曾經見過梅爾文夫人，因為她白天都在工作，而且經常會和她的歌劇團一起旅行演出。雷吉是隻灰色的虎斑貓，因為嚴重的腸發炎症狀，每個月都必須注射類固醇。退休後的這些年，梅爾文先生變得有些社交恐懼，害怕離開自己的家。所以每次去他家時，他總是在家裡。他仍然視自己為高階主管，因此會繼續對所有人發號施令，當然包括我們在內。喬治和我叫他「蘋果先生」，因為每次拜訪結束時，他總會給我們一顆青蘋果，可能是因為他那種酸溜溜的態度吧，喬治總是會立刻把它吃掉。

我對即將到來的出診感到害怕，因為我知道梅爾文夫人已經出門巡演了一段時間，而這件事總讓她的丈夫心情不好。不過當我到達他的公寓時，梅爾文先生卻沒什麼反應。

喬治問：「艾咪醫師，你聞到那股味道了嗎？」

我聞到了。公寓裡有一股惡臭，像是有機化學實驗室的味道。

我的鼻子很敏感。我曾經去客戶家聞到一股瓦斯味，結果發現大樓有瓦斯漏氣的情況。還有一次，我靠味道發現汙水滲入客戶的牆壁。不過，現在的臭味應該不會有人聞不到。梅爾文先生怎麼能忍受這股味道呢？但是，他從來都不離開公寓，如果這股臭味是隨時間逐漸變強的話，他甚至可能不會意識到。我想要打開窗戶卻打不開，因為這棟新建摩天大樓的窗戶是密閉式的。

梅爾文先生幾乎無法回答問題，話也說的含糊不清。這股臭味和他的狀況讓我們非常擔心，我們把貓放進籠子裡，然後勸他離開公寓。因為我在裡面待不到十分鐘，就已經感到噁心了。

到了樓下大廳，我讓梅爾文先生坐在沙發上，讓喬治負責他和貓咪，然後去找大樓的管理員。我在他的辦公室找到他，告訴他發生了什麼事。他說：「梅爾文先生隔壁的公寓正在進行翻修。他們用了不可以在大樓內使用的化學藥劑，我們已經警告他們好幾個月了。」正在翻修的房間就在梅爾文先生臥室的隔壁，這些警告顯然對他們使用化學藥劑的行為，沒產生任何嚇阻作用。

管理員到梅爾文先生的公寓，打開了所有窗戶（他有某種工具可以打開窗戶）。然後去到隔壁，喝止了正在進行的翻修工作。

幸運的是，因為恰逢雷吉要打類固醇的時候，讓我們在上門時注意到梅爾文先生的遲緩情形，才能順利把他帶離公寓。他現在已經完全恢復了，但如果他暴露在這些化學煙霧中的時間再長一點，就很可能會對腦部造成傷害。

下一次我們又去林肯中心大廈幫雷吉打類固醇時，梅爾文先生又恢復他那種固執的脾氣，像往常一樣地對我們發號施令，而且對我們照顧他的貓絲毫不感謝，更別說會感謝我們救了他的大腦，甚至可能救了他的命。

不過這次我們準備離開時，他給了我們兩顆蘋果。

雖然不太願意，但我還是進入了蓋兒這位囤積症患者位於東二十六街的一房一廳小公寓，治療她的貓咪甜心。我們每隔一段時間就去看她，這樣持續了好幾年。每次上門都可以看到公寓裡的東西越來越多：食物殘渣、垃圾、她撿到的東西、堆積如山的報紙、雜誌和其他垃圾，讓整個地方變得越來越擁擠，幾乎到無法呼吸的地步。而甜心就像「山之女王」一樣地在堆積雜物中穿行，跳來跳去。她們兩個似乎都很滿意過這樣的生活，但我卻痛恨待在那個公寓裡的每一分鐘。因為這裡很不衛生，就算穿上了外科手術鞋套、手套和口罩，我還是覺得自己被汙染了。

但我無法拋下蓋兒，因為她和甜心都需要我的幫助。如果我不來這裡，我懷疑她是否有辦法把甜心帶到一般的動物醫院去檢查。而且，我也希望每隔一段時間就能去看看蓋兒，觀察她的健康情況。我並沒有幫她做身體檢查，但每次來這裡出診，我都會掃視一下她的身體和心理狀況並帶入一些問題，像是「你今天吃飯了嗎？」「睡覺了嗎？」或是「最近有出門嗎？」

在此同時，這裡的環境條件變得更糟糕了，我很難再在公寓裡檢查甜心。於是我找了一個不會傷害蓋兒感情的藉口，把這件事歸咎給過敏，告訴她說：「從現在起，我必須在你門外的走廊上檢查甜心。」

蓋兒說：「很好。這樣我也可以做點整理。」她已經好幾個月沒倒垃圾了，但今天顯然會有所行動。

當我在走廊地板上檢查貓咪時，蓋兒開始把一袋袋垃圾從她的公寓拿到垃圾焚燒管道旁，也就是我幫貓檢查的地方。她拿出一袋袋垃圾，其中一袋還破掉了，袋裡的液體從底部漏出來，潑灑在我和我的設備上，讓我身邊的一切都散發一股類似港務局洗手間的氣味，不過我什麼也沒說。蓋兒對自己能拿出這一點垃圾去倒掉，感到相當自豪，所以我希望能鼓勵她繼續下去。我自己的清理的工作，可以等到我們都結束以後再開始。

我會定期打電話檢查她們的情況。蓋兒經常對我說：「我很高興你打來。我找不到你的號碼，甜心不太舒服。」我在她的公寓各處都放了寫著我聯絡方式的冰箱磁鐵。

我總是回答說：「沒問題，我們今天就過去。」

我從來沒有發現過這隻親切的貓有任何嚴重問題。我想蓋兒應該只是想要有伴。這些探視讓我有機會檢查一下蓋兒的健康狀況，這樣的情況持續了好幾年。

有一次我們到達時情況不太對勁，蓋兒說甜心的行為不太正常，情況也確實如此，甜心不太對勁。她的瞳孔擴大得很厲害，即使我用強光直接照射，她的瞳孔也沒有收縮。我使用特殊鏡頭檢查她的視網膜，發現她的視網膜已經脫落，而且是從眼睛後方的表面脫離的，也就是說甜心已經失明了。這種情況最常見的原因是高血壓，而甜心的血壓高達二百以上，這對貓咪來說非常危險。

我必須立刻控制她的血壓，但我不認為蓋兒足夠可靠、可以幫貓咪餵藥。所以我先把甜心帶回醫院，讓她得到治療和監測。經過三天的藥物治療後，她的血壓恢復正常。很且很奇蹟地，她的視網膜重新附著，於是甜心又看得見了。

出院時，我對蓋兒解釋：「雖然今天我們有了好結果。但如果你沒有每天在同一時間餵甜心吃藥的話，她的血壓就會再次升高，她也可能會再次失明。」

「我知道了，」她說，「我一定會餵她的，我發誓。」

就像她曾經發誓會清理貓砂盆，每天餵甜心吃新鮮食物一樣？她的立意良善，但我知道她一定會忘記。所以我把「打電話給蓋兒」加入了我的每日行程表。每天早上我都會打電話給她，問說：「餵甜心吃血壓藥了嗎？」

每次她都說：「我沒有血壓藥啊。」

「有，妳有。就放在冰箱裡，現在去檢查一下。」

「我不知道你在說什麼……哦，有了，在這裡。」每天我都待在電話一端，直到她讓貓服藥為止。每隔一天，我或我的助理會回到蓋兒的公寓，為甜心最近的腎臟問題注射輸液，因為蓋兒自己無法做這件事。

有一天，蓋兒沒接電話。於是我們出診去公寓為甜心注射輸液，然而按門鈴卻沒有回應。我知道可能出了大事，但不知道該怎麼辦。

我只好在大樓前門貼了一張寫給「管理員」的便條，留言表示我對蓋兒和甜心很擔心，並寫下我的電話號碼，請他聯絡並告訴我情況如何。

一小時後他打了電話來。「蓋兒還好嗎？」我把手按在胸口，擔心發生最壞的情況。

「蓋兒中風了。現在她在一家長期照護機構，」他說。「是她家人安排的。」**她有家人？這些年他們在哪裡？**

「那甜心呢？」

「她還在公寓裡。我每天會去看她幾次。我餵她服用冰箱裡的藥物，也餵她吃東西，還清理貓砂盆。不過這些輸液該怎麼辦呢？」

我立刻去探望甜心並見了管理員，發現貓的狀況不錯，便感激地對他說：「她在你這裡過得很好。」

他點點頭。「她是隻好貓，但我不能再幫忙養她了。」

「請給我一點時間想想該怎麼辦，」我說。

不到十二小時就解決了，莎莉自願幫忙養甜心。

於是我聯絡蓋兒新出現的家人，跟她的侄女通了電話。她說蓋兒在康復中，情況還算穩定。等她康復後就會搬進養老院。

那間公寓將被清理乾淨（希望是由穿著防護衣的人來清理），然後重新出租，就像一個時代的結束一樣。

我為蓋兒獨立生活的結束感到難過。雖然生活上有點麻煩，但在她自己的那個凌亂世界裡，和珍愛的寵物一起過得相當滿足。我相信如果沒有甜心的愛，蓋兒不可能這麼長時間還能保持身心健康，生活維持獨立。

我問她說：「那甜心怎麼辦？她現在和我的助理住在一起，她很高興能繼續照顧甜心。」

「等蓋兒的事情安定下來，我就會去接甜心。」她說。

莎莉雖然感到失望，但這是正確的決定。

我最後一次聽到蓋兒和甜心的消息，是蓋兒的侄女開車來莎莉家接走甜心的那一天。直到現在，我仍然懷念她們兩個（但並不懷念那間公寓）。

我第一次見到布魯姆太太時，她告訴我，她活著的唯一原因就是照顧她那隻已經十八歲的貴賓狗「瑪姬」。很多人都會這樣說，但布魯姆太太已經九十歲了，身體相當脆弱，除了瑪姬之外，她沒朋友也沒家人。對她來說，這也許是真的。

我去了她位於第一大道的小公寓，她告訴我預約出診的原因：「瑪姬已經三天沒吃東西了。」

我立刻知道瑪姬病得很重。檢查之後，我發現她患有充血性心臟衰竭，並且有晚期腎衰竭，麻煩的是治療其中一種病症就會讓另一種病惡化。所以瑪姬正在死亡，而我無能為力。

我不確定布魯姆太太是否瞭解瑪姬病情的嚴重性。她對這隻小貴賓狗相當依賴，而我知道瑪姬很快就會離開，所以我非常擔心接下來會發生什麼事。

「求求你，艾咪醫師，帶她去醫院，讓她康復。」我答應她會把瑪姬送到醫院，但要她不要抱持太大希望認為她能康復。

通常無論情況多麼悲觀，我都會告訴客戶寵物病情的後續發展情況。但面對布魯姆太太，我很擔心壞消息會影響到她的健康，而我必須對這隻狗和這個人負起責任。

瑪姬在醫院待了兩天，情況越來越糟。我該如何以最溫和的方式，告訴布魯姆太太瑪姬即將面臨的情況呢？

我決定親自告訴她，但不是單獨一個人。我記得布魯姆太太曾是當地教堂的積極成員。巧合的是，這座教堂的牧師也是我的客戶，所以我打電話請牧師和我一起去告訴布魯姆太太瑪姬的病情。他情感深厚地回憶起她，並同意和我一起去，給予她精神上的支持。

這個計畫很棒，但就在我和牧師打電話安排拜訪時，在醫院裡的瑪姬在睡夢中安詳離世了。

所以我們必須告訴布魯姆太太的是更糟糕的消息。在牧師的陪同下，我告訴她說：「我真的很抱歉，布魯姆太太。瑪姬患有重度心臟和腎臟衰竭。她在一小時前過世了。她在睡夢中離去，沒有痛苦，這點我可以肯定。」

幸好牧師在我身邊，因為布魯姆太太立刻崩潰了。這位虛弱的老婦人開始哭泣，整個人跌坐到沙發上，彷彿想從這個世界上消失。

我已經盡了作為她獸醫的所有責任，並且作為朋友安慰她，但現在我得離開去處理其他預約。我離開時感覺很糟，但牧師說只要布魯姆太太有需要，他會一直待在那裡。

接下來幾天，我打了好幾次電話給牧師。第三天他告訴我說：「她不肯下床。我只能確保她至少吃上一、兩口飯，但她大部分時間都是躺在床上盯著天花板。」

「就這樣？」我問道。「她會跟你說話嗎？」

「有時候她會哭。」

看來布魯姆太太一直是為了照顧瑪姬才活著的，現在瑪姬不在了，對布魯姆太太而言意味著什麼呢？

對我來說，這代表她需要另一隻狗，越快越好。我知道很多人需要時間來哀悼一隻寵物，然後才能再養另一隻，但布魯姆太太沒有時間等待。她現在就需要一個新焦點，新的目標，新的愛。

我聯絡了所有的流浪動物機構，告訴他們我需要一隻年紀較大的、體型小的貴賓狗，脾氣溫和，適合和老年人一起住在公寓裡。不到一週，我就找到了「皮耶爾」，一隻八歲的小型貴賓狗。

我興奮地前往布魯姆太太的公寓。她開了門，但整個人看起來凌亂佝僂，神情憂鬱，身上還穿著睡衣，這是我頭一次看到她這副模樣。

「布魯姆太太，我需要您的幫助。我有一隻小貴賓狗，叫做皮耶爾。牠的家人搬了家卻沒帶走牠，所以牠沒有地方住，我需要有人可以照顧牠。牠的健康良好，喜歡坐在人的腿上，也喜歡被梳毛。牠是一隻非常安靜的狗，身體也很健康。」

她悲傷地搖搖頭說：「我辦不到。我年紀太大了，沒辦法再重新開始愛一隻狗。而且在我這種年紀養狗，對狗來說也不公平。」

「我知道，」我說：「但我不是要求你幫忙養牠。你願意見見皮耶爾嗎？」我問。「也許牠可以在這裡待個幾天，直到我幫牠找到新家？對我來說會是幫了很大的忙。」

「只待幾天？」她問。

兩個小時後，我帶著皮耶爾回到布魯姆太太的家。當我把牠交到她手中時，布魯姆太太對牠說：「你真帥！」並露出了燦爛的笑容。那是自從瑪姬送進醫院以來，我在她臉上看到的第一個笑容。小皮耶爾似乎完全明白該怎麼做。牠抬起頭舔了布魯姆太太的臉，一直不停地舔，尾巴搖得像風一樣快。

我看著他們，簡直要起雞皮疙瘩了。皮耶爾在我面前一直那麼安靜內斂，但牠面對布魯姆太太時卻是那麼興奮。

布魯姆太太轉向我說：「幸好你把牠帶來。這隻狗顯然需要一個家。」

是的，牠確實需要，而「她也需要」給牠一個家。皮耶爾從此再也沒離開過這個家。

研究顯示，養狗可以帶來更好的健康和延長壽命。布魯姆太太雖然已經過了很長一段美好生活，但現在有了皮耶爾可以照顧，我期待還能看到他們兩個很多年，這也正是後來發生的情況。

16 一個開始和三個結束

A Beginning and Three Endings

除了大學時期在乳品農場的暑期實習外，我幾乎沒有經歷過動物分娩的情況。因為我大部分的狗和貓患者都做了絕育，不會繁衍下一代。事實上，我並不鼓勵客戶讓他們的寵物繁殖，而是把這些事交給專業的繁殖者。

在我還是公園東的年輕獸醫時，有一次我接生了一窩西施犬小狗。這些小狗屬於我一位客戶的十幾歲女兒瑪麗—香塔爾。她在晚上十一點半打電話給我，告訴我家裡的西施犬媽媽開始在床上表現異常，可能快分娩了。

那時我還沒想到要成為登門拜訪的出診獸醫，我就去了她家的聯排別墅，協助母狗分娩。在我的幫助下，母狗在瑪麗—香塔爾的床單上，生下五隻微小而沾滿黏液的健康小狗。我快速地把小狗擦乾，刺激牠們吃奶，然後把牠們一隻隻交還給狗媽媽，而牠已經準備好要哺乳了。三十年後，瑪麗—香塔爾——現在是希臘的王儲公主——依然是我的客戶。她有了另一群同樣可愛的狗狗。

我在生命的另一端則有豐富的經驗。跟客戶一起決定何時讓寵物安樂死，是我作為獸醫最神聖和重要的責任。而「引導」家庭做出這個決定，也是我工作職責之所在。在多年的執業經驗中，我做過上千次安樂死，每一次都令人痛心。

在動物醫療中心的第一年，在我為一隻寵物安樂死時，一位男士對他的寵物說的告別話語深深打動了我，致使我的眼中不由自主地流下淚水。一位資深臨床醫師目睹了這一幕，當天稍晚時安慰我說：「別擔心，艾咪，給自己一點時間，等你做了夠多次之後，你就不會在安樂死的時候哭了。」

我通常會對這位醫師的明智建議心懷感激。但這一次，我在心裡想著：「**當我再也不為安樂死而流淚的那一天，我就不會再做這份工作了。**」所以至今我仍未停止流淚。

蜜雪兒的馬爾濟斯犬（Maltese）莉莉，在經過多年英雄般的抗癌奮鬥後過世了。但對這個家庭來說，為了讓他們心愛的寵物度過多一些生活品質較高的時光，這一切的努力都是值得的。在莉莉去世後，我希望蜜雪兒的其他狗狗能維持較長的健康時間，但事情不如人意。

有一天蜜雪兒來電說：「我擔心黛西。」她指的是另一隻十四歲的馬爾濟斯犬。「昨天晚上她在睡夢中突然跳起來便溺，然後從床上摔到地毯上。從那時候起，她的行為就很奇怪，走路也很怪。應該發生了什麼事，她這幾天一直不太對勁。」

我先進行初步檢查，但無法得出結論，因為黛西的情況仍在惡化。我把黛西送到一位神經醫學專科獸醫處進行會診，他認為黛西的行為與中樞神經系統的問題相符，所以安排她進行腦部磁振造影（ＭＲＩ）檢查。ＭＲＩ結果顯示，她的腦部有一顆很大而且無法以手術切除的腫瘤，腫瘤大小和形狀正符合「腦膜瘤」的診斷。雖然這個腫瘤本質上來說是良性的，但仍然必須進行治療。它會佔掉頭骨內腦部所需的空間，而且這個腫瘤已經引發神經方面的壓迫，隨著腫瘤增大，情況只會變得更糟。

因此我只有一個治療選項能提供給蜜雪兒，那就是每天接受腦部的放射治療。執行這個方案將非常困難，因為每次治療都必須做全身麻醉，療程為一週五天，至少持續三個星期。更糟的是，我們唯一能找到擁有合宜放射設備且正常運作的醫院，位在紐約州伊薩卡的康乃爾大學，距離紐約市有八小時車程。

蜜雪兒全家毫不猶豫地同意進行治療，並開始全力以赴地照顧黛西。蜜雪兒和她的丈夫每個週日駕車八小時前往伊薩卡，將黛西帶去康乃爾進行五天的放射治療，然後於每個星期五晚上再開車返回紐約市與家人團聚。為了延長十四歲狗狗的生命，他們徹底改變自己的生活。

放射治療確實縮小了腫瘤，但因為她必須服用類固醇來控制放射腫脹，結果產生了併發症，也就是由類固醇所引發的「庫欣病」（Cushing's disease）。這讓她變得異常饑餓、口渴和焦躁。而且在三週的療程中，她不小心被誤給了雙倍劑量的放射治療，導致兩眼出現嚴重的潰瘍。

治療被迫停止，蜜雪兒當然非常沮喪。「難道我的可憐寶貝還沒受夠嗎？」她真心流著眼淚對我說。我們有兩週的時間可以決定下一步該怎麼做，因為必須先治好黛西的眼睛，才能繼續其他的治療。但隨後我們又得知，康乃爾的放射治療設備因故障而暫停使用，而且未來會有很長一段時間無法修復。

蜜雪兒流著眼淚對我說：「我覺得是宇宙在告訴我『夠了』。先是腫瘤，然後是庫欣病，接著是過量的放射和眼部潰瘍，現在機器又壞了——我的寶貝還因為這些類固醇而痛苦不堪。」

何時該**叫停**呢？

大多數客戶會在蜜雪兒和她的丈夫伊恩做出決定之前很久就做出決定了。然而，黛西雖然生病，卻還是和他們一起睡，和他們玩耍，親吻他們，看起來也依然很可愛。她是他們心愛的狗，雖然已經很衰弱，但和家人在一起，依然非常快樂地活著。

蜜雪兒真的是相當罕見的人類品種，她絕不會因為方便、因為醫療費用，或是因為這對她自己來說太過煎熬而考慮安樂死。她在蓬蓬、莉莉和黛西身上，一次又一次地證明了這一點。之後，是她的下一隻馬爾濟斯犬多莉，這隻狗曾經遭受頭部外傷。在那之後是圖西，一隻從年長客戶處領養來的狗，後來得了血管炎（導致血管狹窄），造成部分的耳朵脫落。馬爾濟斯犬並不是一個容易生病的品種，但可悲的是，蜜雪兒一家似乎注定總要面對這些問題。可能是因為她把狗群照顧得無微不至，以至於牠們活得夠長，才會經歷許多奇特的病症。

治療、費用、生活的干擾，還有隨之而來的焦慮和悲傷。這一切值得嗎？對蜜雪兒和她的家人來說，答案是肯定的。絕對值得。

有些人可能會說：「你只是在延遲一個不可避免的結局。」他們說的也沒錯，然而延遲不可避免的結局，正是我每天在做的事。我幫動物接種疫苗，讓牠們不會生病；幫牠們治療，讓牠們活得更長更健康。從本質上說，我的日常工作就是在延遲不可避免的結局。

然而牠們終究都會死去，而且可能遠比我們預期的還要更早。作為寵物主人的我們都知道這一點，每隻新寵物帶來的快樂，都將伴隨著未來的悲傷。而對我來說，願意接受這個事實來換取相愛的時間，正是我們與動物之間獨特羈絆的證明。

我透過共同的朋友瓊．瑞佛斯認識了湯米．圖恩（Tommy Tune）這位百老匯傳奇舞者兼編舞家。他有一隻心愛的約克夏犬，名叫「奧菲」。湯米住在東八十八街的一間公寓裡，這個公寓完全是為了他一百九十八公分的身高設計的。

我沒辦法像平常那樣在他家的廚房設置器材，因為湯米專門訂製的櫃台對我來說實在太高，無法用來檢查奧菲。因此，我通常會在他的沙發上工作，這個沙發的高度剛好適合我。每當我工作結束，就會有人拿一個小踏梯過來，讓我可以伸手碰到廚房的水龍頭洗手。除了覺得像是走進了綠巨人城堡之外，湯米的公寓相當明亮、充滿了趣味和戲劇感。整間公寓的海軍藍地毯上編織著金色小星星，看起來就像是好萊塢的星光大道。

某次上門看診時，客廳地毯上貼著直線和箭頭形狀的膠帶。一個箭頭指向左邊，通往浴室；另一個箭頭指向右邊，通往客房。

「湯米，地毯上的膠帶是怎麼回事？」我問。

「卡蘿．錢寧（Carol Channing）*暫時住在我這兒，她有時會找不到從臥室到浴室的路，」他說，「為了讓她更方便，我們在地毯上標上了舞台指示。」

奧菲在我第一次造訪時已經十四歲。我知道他一直是湯米極寵愛的小狗，湯米幾乎是無微不至地照顧著他，無論湯米去哪裡都會帶著他，而且多年來湯米不管吃什麼，都會分享一小部分給他。然而幾個月前，這一切都改變了，因為奧菲被診斷出患有心臟病。雖然他服用了好幾種藥物來控制心衰，但他持續咳嗽的問題依然存在。

奧菲有時會整晚不停地咳嗽，讓他和湯米都無法安眠。我不確定這對湯米會有什麼影響，但奧菲常常第二天就不願意吃東西，也不肯喝水。當你的體重只有兩公斤多，又服用利尿劑，脫水就會成為一個嚴重的問題。我可以用少量皮下注射的電解質液體和食欲刺激劑幫助他恢復食欲，但隨著奧菲病情惡化，他的劇烈咳嗽卻導致氣管塌陷，讓他更難停止咳嗽。最終，他不得不服用麻醉性止咳藥，而這又讓他的食量更進一步減少。

在其中一次為他治療胃部不適的出診中，情況似乎有所不同。奧菲發燒了，當我觸診他的腹部時，他痛苦地叫了出來。血液檢查結果顯示他得了胰腺炎，這是胰腺發炎的症狀，也是一種極可能危及性命的病。雖然在理論上，胰腺炎可以透過靜脈注射液體和支持性療法來治療，但有些病患的身體無法回應治療，最終因此而死。

「湯米，」我說，「奧菲這次比平時更嚴重。他的胰腺炎需要積極治療，治療要用到的靜脈輸液，則必須在醫院進行。奧菲體型小，又患有充血性心衰，因此必須進行二十四小時的監護，以平衡他身體的液體需求，並確保他的心臟不會負荷過度。」

「絕對不行！」湯米堅決地說。

許多客戶在面對住院治療時會說「不」，因為他們希望自己的寵物能在家裡感到安全舒適。這也是我的居家診療服務能夠吸引客戶的原因。然而，我並沒有在客戶家裡進行二十四小時住院護理的設備。雖然我竭盡全力地說服湯米，但還是無法改變他的決定。

「艾咪，我知道奧菲的生命已經接近尾聲，但我也知道我絕不希望他遠離我，孤單地死在醫院裡。你可以做任何必須做的治療來讓他好過一些，但請在我家裡做。」

既然湯米不願意把奧菲送到醫院，那麼就得把醫院搬到他家。我以前從未這樣做

* 譯注：美國知名百老匯和電影女演員，當時已有點年紀了。

過，但我只花了幾個小時，就在他的公寓裡建立了一間迷你醫院。我帶來了輸液幫浦、中心靜脈壓力監測系統，以及全天候的護理人員。奧菲躺在自己的床上，接受靜脈輸液和止吐注射，並且進行二十四小時血壓、血糖、心跳、呼吸頻率和水分狀態的監測。而湯米可以看到這一切。

五天後，奧菲的情況穩定下來，我們終於可以拆除臨時搭建的醫院設施。那之後，我定期去看望奧菲，幫他做各種病情和症狀的管理。但即使是奧菲這樣被寵愛的小甜心，也無法戰勝時間，我知道他的生命即將結束。湯米終將會為了失去這隻陪伴他十八年的摯愛而心碎。

「你需要收養另一隻狗，」我強烈地建議湯米，「現在就去收養。」他看著我，彷彿覺得我瘋了。

「我的意思是讓奧菲有個伴，這會對他有好處，這樣他就能把他知道的所有關於『做為湯米的狗』的技能，傳授給下一隻狗。」我堅信這一點是真的，而且我知道，如果湯米有另一隻狗來分擔他的愛與關心，那麼他在失去奧菲的痛苦和壓力中，會比較容易度過。

湯米說：「我不知道，艾咪。」

我持續了好幾個月，繼續說服湯米在奧菲還活著的時候，收養另一隻寵物。那年九月，他終於收養了「小舒伯特」，一隻小約克夏幼犬。儘管奧菲已經非常虛弱，他似乎還是很喜歡家裡有了新朋友。

「太不可思議了，」湯米興奮地告訴我。「奧菲真的是在教小舒伯特一切的須知。我可以看到奧菲在訓練他。」

奧菲一定是知道自己已經完成任務，而在十月平靜地去世，時間就在小舒伯特來到家中的一個月後。在那段短暫的時間裡，奧菲把所有該教給家裡新成員的知識，完全傳授給了小舒伯特，而湯米也將他那無限的愛心轉向了這隻新小狗。

三個月後，湯米邀請我去看他在「小舒伯特劇院」的單人秀《湯米・圖恩：白色領帶和燕尾服》（*Tommy Tune: White Tie and Tails*）最後一場演出。史蒂夫和我都被湯米的歌唱、舞蹈和踢踏舞表演所震撼，這些都是《美國名曲集》（*American Songbook*）中的經典作品。演出結束後，他邀請我們參加幕後派對，史蒂夫幫我和湯米拍了一張合照。即使我穿著自己最高的高跟鞋，也只到湯米的腰部而已。我們一邊喝香檳一邊坐著聊天，湯米告訴史蒂夫，他會永遠愛我，尤其因為我建議他幫奧菲帶來了一位弟弟。

生死問題有時也會引發哲學思考。即使我所擁有的醫學知識都告訴我，患者應該平靜地離世，但我也必須先確保我的客戶能完全同意這個決定。他們可能會後悔拖得太久，然而一旦做了安樂死便無法回頭。

如果我正在客戶家裡準備對寵物進行安樂死，而飼主在當下產生猶豫的話，我會收拾好東西，告訴他們我可以改天再來。有時他們當天就會打電話請我回去。第二次，他們通常已經準備好了。

有次我到上東城一間高雅、明亮、陽光充足的公寓，去見一位新客戶和他家裡的病患。一位穿著制服、帶著東歐口音的女管家開門後告訴我說：「夫人馬上就來。」她引領我們走到一旁的客廳沙發上，示意我們坐下來等待。

那天我和卡莉達的時間非常緊湊，真的沒時間等「夫人」出現。必須先看過那隻貓，才能準時趕到下一個約診行程。然而，我不想在新客戶面前製造麻煩，於是我耐著性子坐在客廳裡，無所事事地等待著。我開始環顧四周，注意到牆上的藝術品。那是一組美麗的巴黎畫派作品。接著，我注意到有一些猶太文物古董，以及一排擺滿了猶太作家的書架。

這時，一位風度翩翩的年長男子走進了房間，帶著口音解釋：「對不起，醫師。很抱歉我太太讓您久等了，她馬上就來。」

我立刻認出了他。他是艾利．魏瑟爾（Elie Wiesel），諾貝爾和平獎得主，一位羅馬尼亞出生的作家。他寫了很多本書，包括《夜》（*Night*），講述的是納粹大屠殺期間他在奧斯維辛集中營的囚禁經歷。艾利被認為是戰後時代的道德楷模。作為一名出診獸醫，我見過許多名人，但遇見艾利的那一刻，我卻感到無比榮幸。

瑪麗昂隨後出現了。她是一位優雅的銀髮女性，臉上帶著和藹的笑容。她伸出手來，堅定而實在地與我們握手，然後坐到我旁邊的沙發上，對我仔細介紹她的老貓

「皮琪」。雖然皮琪現在很健康，但每次帶去動物醫院時，她都會感到很大的壓力，所以魏瑟爾夫人希望皮琪能享受上門的居家服務。她今天邀請我來，是希望皮琪能見見我，同時她也想在皮琪看診之前先瞭解我一下。雖然我當天的其他約診一定會因此而遲到，我還是和魏瑟爾夫人聊了很長的時間，超出我一般行程的時間分配。我很享受與她的第一次交談，就像多年來與她的每次交談一樣。我能清楚感受到她有多麼愛貓，尤其是這隻貓。

之後我定期每隔一、兩個月就來探望皮琪，檢查她的腎功能，因為她的腎臟功能開始有點衰退。我經常與魏瑟爾先生打招呼，有時也會簡短交談，但主要都是與魏瑟爾夫人交流，我對稱她為魏瑟爾夫人也很習慣了。

到了年底，皮琪衰退的腎功能已變成了腎臟病。病情逐漸惡化，需要每天注射電解質溶液。就像許多患有長期慢性腎病的患者一樣，皮琪雖然在一段時間內有所穩定，但就算持續接受治療，她的腎臟功能還是慢慢惡化。這是隨著年齡成長的正常老化過程，並沒有治癒的方法。

在診斷為腎臟病後的第三年，皮琪的情況變得更糟。她的健康狀況持續惡化，能享受生活的日子越來越少，甚至再也無法自己進食了。我和魏瑟爾夫人討論是否應該讓皮琪安樂死。她請我第二天再來，並和她的全家人一起討論。

那次對話是在主臥室進行的，皮琪側躺在床中央。我一邊觀察她微弱的呼吸，一邊開始了談話。

「根據妳告訴我的情況和我現在所看到的，我認為皮琪已經沒有生活品質可言了。」我解釋著。對我來說，這是最重要的癥結點：寵物是否在受苦，是否還有生活品質可言？

房間裡一陣靜寂。雖然在此之前，魏瑟爾先生並未參與我們的討論，但他此刻輕聲開口，看著皮琪說道：「每一條生命，」他強調了每個字，「不管處於哪個階段，都是珍貴的。」然後他抬頭看魏瑟爾夫人和他的兒子，再看向我。「我們有什麼資格奪走一條生命呢？」這位將整個成人生涯都奉獻給這個問題的人，開口問了這個問題。

而我又怎能在「每一條生命的價值」這個問題上，反對艾利・魏瑟爾呢？

然而我必須負起責任，所以我繼續說：「皮琪很快就會死去，而我們不知道她會如何死去。不知道是在睡夢中安然閉眼，或是喘息掙扎著過世。但我知道的是我能幫助她，讓死去的過程，對她和她所愛的人來說都是減少痛苦的。」

我離開了房間，讓他們家人自行討論這個令人痛苦的問題。幾分鐘後，魏瑟爾先生叫我回去，並說：「我們準備好道別了。」

我不知道在我離開房間的期間，他們到底說了什麼，但如果每條生命和生命裡的一切都如此珍貴，那麼我相信，生命的終結應該盡可能地輕鬆和優雅。

17 救援，最偉大的禮物

Rescues, the Greatest Gift

我的第一隻寵物公爵夫人，是一隻被「救援」（rescue，我們過去會說「收容」流浪動物，現在則稱為「救援」動物）的動物，就像我後來養的每隻寵物一樣。

有些曾經養過純種寵物的客戶，對於領養救援動物有所顧慮。他們常見的說法是：「牠一定有問題，否則之前的主人不會放棄牠。」

但這點並非事實。讓我來消除一些關於領養救援動物的恐懼吧。根據「最好的朋友動物協會」（Best Friends Animal Society，美國首屈一指的動物福利組織，致力於終結美國動物收容所中貓狗的安樂死問題）的統計數據，有三分之二的動物之所以被遺棄，是因為人類的問題，與動物本身的行為關係不大。* 放棄寵物的最常見原因首先是住房問題（例如新家不能養寵物），其次是財務困難、主人生病或死亡，最後才是人與寵物之間的關

* 原注：最好的朋友動物協會，《二〇二五年禁止殺戮：現今動物的福利狀況》，注釋五。bestfriends.org/no-kill-2025/animal-welfare-statistics#5。

係不良。

但即使是飼主覺得不合適的情況，也並不代表動物本身就有問題。舉例來說，一隻活潑好動的狗，可能不適合住在城市的老年夫婦家中，但對住在鄉村、擁有小孩的家庭來說，就會是完美的選擇。這些原因加上過度繁殖和飼養，讓每年約有六百萬隻貓狗進入了救援動物收容所。遺憾的是，根據「美國防止虐待動物協會」的數據顯示，有將近一百萬隻動物最終會被安樂死。*

透過分享這些令人震驚的統計數據，我希望人們能夠意識到，因為無家可歸而被安樂死的動物數量竟然如此之多，而這應該讓我們明白減少這種數字的重要性。好消息是，每年有四百萬隻動物從收容所被領養，**而且還有許多是我協助某位客戶轉置給其他客戶的動物。我一直相信當你救援一隻動物時，牠會知道自己被找到並選中而永遠感激你。被救援的動物與牠的主人之間的情感聯繫是非常深厚的，我可以為此作證。

我的客戶蜜雪兒，一直是從她的高級繁殖者處購買馬爾濟斯犬的。在黛西去世後，她曾經考慮過再次聯絡那位繁殖者，購買另一隻馬爾濟斯小狗。

在此同時，我知道我的一位年長客戶羅妲，已無法繼續照顧她那隻美麗的馬爾濟斯犬圖西。她告訴我這個消息有一段時間了，但直到現在她才準備將圖西送養。

「我覺得是時候了，」她對我說。

「我知道有個家庭非常適合圖西，他們會給她最棒的生活。我向你保證，她會成為一隻非常快樂的狗，會得到最好的照顧。」

和羅妲講完電話後，我打電話給蜜雪兒說：「我知道你的下一隻狗是誰了。她五歲，從小就是我的病人。她住在一位年長女士家裡，現在她再也無法照顧她了。」

「你瘋了吧？」她不屑地笑著說：「我才不想領養別人的狗呢。」她回答的語氣，彷彿我是在勸她穿二手的比爾・布拉斯（Bill Blass）設計服飾一樣。

「不，蜜雪兒，這真的是你的狗。」我就是知道圖西和蜜雪兒注定要在一起。身為一名獸醫兼寵物配對者，我有一種「對」的感覺。這並不是在自誇，因為我的寵物飼主配對直覺一向很準。

我把圖西帶到蜜雪兒那個混亂但充滿愛的家中。她看了看狗，然後直接說：「好吧，你說得對。這真的是我的狗。」圖西迅速融入了克雷爾家族，成為這個大家庭的一份子，家中狗成員也因此增加為三隻。正如我給羅妲的承諾，圖西在她的餘生中得到了最好的照顧。

* 原注：ASPCA，「寵物統計」，www.aspca.org/helping-people-pets/shelter-intake-and-surrender/pet-statistics.

** 原注：ASPCA，「寵物統計」，www.aspca.org/helping-people-pets/shelter-intake-and-surrender/pet-statistics.

我有一位超過十年的老客戶南希，在失去了她心愛的傑克羅素㹴後非常傷心，因此我鼓勵她再養一隻寵物。

我對她說：「我們並不是用另一隻狗或貓來**取代**牠，我們只是更新我們付出的愛。而且愛是無限的，不必擔心會用完。」

聽完我的建議，她並沒有採取行動。

「我沒辦法再養一隻新狗了，」她說：「當我準備好時，你會聽到我的消息。」

南希過了幾年沒有養狗的生活。但她確實把愛給了另一個人，一位名叫保羅的可愛男子，也是一位忠實的愛狗人士。幾年前，他曾為了他的老英國牧羊犬「瑪莎」寫過一首歌，當時他還是英國搖滾樂團「披頭四」的成員之一。

婚後幾年，南希打電話告訴我，她和她的丈夫保羅・麥卡尼（Paul McCartney）爵士，準備好養一隻狗了。她問我說：「我們應該養哪一個品種？」

「**領養！**」我立刻回答：「從收容所帶回家的動物知道自己被救援了，牠會愛你們愛的不得了。而且你們兩位會向整個世界傳遞一個相當美好的訊息——世界上最著名的愛護動物人士，選擇**領養**一隻狗。這是一個需要被大眾聽到的訊息，你們兩位正好是最適合傳遞這個訊息的人。」

保羅爵士和南希聽從了我的建議，領養了蘿西，一隻漂亮的比特犬混傑克羅素㹴的混種狗。至今，他們三人依舊彼此忠誠。你可以想像得到，我每次去他們家出診都相當期待。最好的消息就是南希和保羅爵士在「公開宣傳」領養蘿西的消息方面非常大方，我相信這件事絕對增加了全球各地的寵物領養數量。

無論出於何種原因，並非每個人都適合領養寵物。例如我有些客戶非常喜愛來自特定繁殖者所繁殖的特定品種的狗。這當然沒有問題。純種狗的繁殖有著幾百年歷史的傳統，優秀的繁殖者會關心品種的既有本質，關心牠們應該具備的外觀、能力以及最佳特質，並努力維持狗的健康。

但在另一方面，以工廠化方式，也就是所謂的商業化養殖的「小狗工廠」，則完全不顧這些動物的健康和個性。從這種來源繁殖的狗，是我的職業生涯中最大的痛苦來源。

這類小狗工廠（Puppy mills），也就是那些為寵物店供應狗兒的地方，並不是優質的小狗繁育者。因為它們的目標就是以最便宜、最多產的方式繁育小狗，對於母狗和小狗的健康護理和營養幾乎不加考慮，而只是盡可能地把更多動物推向市場，迎合當前的品種潮流。小狗工廠的繁育通常只關注一個特徵，也就是外觀，因而忽視了更重要的特點，例如動物的個性或是可能增加的健康風險。

工廠化養殖的小狗生活在極惡劣的環境中。牠們被關在小籠子裡，通常沒有得到適當的食物、基本的疫苗接種、毛髮梳理或訓練等。人們在寵物店櫥窗看到一隻可愛的小狗而買下牠，但完全不知道牠經歷了怎樣可怕的過去，後續要面對怎樣的高昂費用治療和寵物個性上的問題，而這些問題通常超出購買者的應對能力。最後，許多人會因為這些問題而改變心意，把他們「不想要的小狗工廠出品的小狗」帶到收容所。其中有些狗會得到治療並康復，最終重新被領養。遺憾的是，有些狗則會被困在小籠子裡，面臨可能的安樂死。

我們這個喜愛動物的社會必須瞭解到：小狗工廠這個行業等於是助長了收容所裡動物的龐大數量，並造成這些狗短暫而悲慘的生命現實。有很多次我都發現來自小狗工廠的狗，在送到寵物店的時候就已經生病。為了節省成本，寵物店通常會嘗試自己幫動物治療，結果往往對小狗造成了更大的傷害。

這正是發生在一隻可愛的迷你臘腸狗身上的情況，當時他被一位吝嗇的寵物店店主施予了錯誤的治療，造成身體的嚴重傷害。這隻小狗送來時顯得無精打采，而由於店主曾多次看到獸醫如何處理這種情況，因此自己錯誤地把濃縮葡萄糖液注射到小狗皮下。然而，濃縮葡萄糖液不能這樣注射，結果讓小狗的皮膚遭受了大規模的破壞。

幾天後，注射部位周圍的大範圍皮膚都變黑了。在小狗只需門診治療的情況下，寵物店店主都不願把他送去動物醫院，現在當然更不想支付治療費用。他不打算找獸醫協助治療，反而派店員把小狗送到動物醫院，要求安樂死。

卡莉達當時正在長島醫院值夜班，小狗被送進去後，她一看到他的情況，就立刻詢問是否可以帶走他。寵物店員工表示只要不為寵物店產生任何費用，那就無所謂。於是卡莉達接手照顧小狗，第二天早晨，她就把他帶到「城市寵物」來。

她並沒有提前告訴我有這樣一隻小狗，但我一走進辦公室，就察覺到有些不對。

「艾咪醫師，我不知道該怎麼辦。我知道這個要求很過分，但你得幫助他。」她懇求著。

「等等，卡莉達，發生了什麼事？要幫助誰？」

「那隻超可愛的迷你臘腸狗昨晚被送來我們醫院來，說要把他安樂死。那個員工來自寵物店，他們根本不在乎這些小狗的命，他們只想賺錢。」

「好吧，那要……怎麼幫？」

她猶豫了一下，這對卡莉達來說並不尋常，接著說：「他沒有皮膚。」

什麼？

她回到辦公桌旁，帶回一隻棕白相間的小狗。這隻小狗的身體是棕色的，但我能看到的只有他長長的鼻子、腿和不停搖動的尾巴。他身體的其他部分就像木乃伊一樣，被人用白色紗布包裹著。這是一隻只有一千三百公克重、九週大的迷你臘腸狗。我還不知道他的傷勢有多嚴重，但至少他的鼻子和尾巴還能動。

我開始解開紗布，卡莉達告訴我她所有知道的關於他的經歷。

由於他的身體包裹著紗布，我以為他有嚴重的皮膚創傷，但我完全沒準備好看到接下來的情景：當我解開最後一層紗布時，他身上那些已經失去活力的皮膚被黏在紗布上。這比我想像的情況還要糟糕。我難過地對卡莉達說：「我不確定還能幫這隻小狗做什麼治療？」

卡莉達忍住眼淚說：「但是看到他搖尾巴，看到他那張可愛的臉。我們能不能至少試一下？」

我重重地嘆了口氣說：「好吧，好吧，」我一邊說著，目光落在他那隻有節奏的尾巴上，一邊告訴她：「如果我覺得他很痛苦的話，就必須讓他安樂死。」

既然已經答應幫他，我就必須幫這隻小狗取個名字。我們幫他取名為德克斯（Dex），因為他的傷勢是錯誤注射葡萄糖（Dextrose）所引起的。

他的治療包括每天兩次的消毒浴，他似乎還滿享受的。每次輕輕地拍乾他的身體後，我會重新為他包紮，這樣再次露出來的只有他的頭、腿和尾巴，以及**那雙充滿情感的眼睛**。我讓他開始服用口服抗生素，以防他受到感染。由於他年紀很小又很瘦，我的選擇並不多，所以我選擇了「阿莫西林／克拉維酸鉀」（Clavamox），這是一種對幼齡小狗既安全又有效的青黴素類藥物。

每天，我都會重複著這一整個過程。由於他的傷勢如此嚴重，史蒂夫建議我每天拍攝他的進展。最初我還在想應不應該繼續治療下去，因為德克斯一直沒有好轉。不過他的食欲很好，也很喜歡洗澡，而且對於偶爾清除壞死組織（去除死皮）也不反感。最重要的是，他的尾巴從未停止搖動。**他怎麼能一直這麼開心呢**？

經過兩週的治療，令人驚訝的是，他的傷口開始出現粉紅色的新生肉芽組織，這就表示健康的皮膚正在重新長回來。又過了一個月，德克斯已經強壯到足以進行剩餘的壞死皮膚切除手術，以及將健康的皮膚邊緣縫合在一起，就像是透過橋梁將海洋中的島嶼連接在一起的手術。第二個月快結束時，經過兩次的手術，德克斯全身的皮膚已經恢復正常，看起來就像一隻健康的小狗。他的康復實在是太神奇了，簡直前所未見。

德克斯有許多崇拜者，不僅因為他從這麼嚴重的傷害中奇蹟似地康復，也因為他那種總是開朗的態度，在他的處境下更顯得令人難以置信。醫院裡的一位護士成了那位幸運者，收養了德克斯。雖然要與小德克斯告別讓我們都很難過，但他終於找到充滿愛的永遠的家，我們所有人也都感到無比的滿足，因為我們拯救了這隻可愛而無辜的小狗。

在德克斯去到他永遠的家幾個月後，我參加了一場由輝瑞大藥廠主辦的獸醫會議。輝瑞在會議上宣布了一項病例研究比賽，邀請獸醫提交使用阿莫西林／克拉維酸鉀治療並治癒病患的有趣案例報告。大獎是為期一週的夏威夷之旅，並有機會在茂伊島的獸醫會議上展示報告。提交報告的截止日期是本次會議舉行後一年。

會議結束後，我坐到電腦前，迅速在半小時內打好德克斯的病例報告。我附上所有治療進展的照片，並在截止日期整整一年前，就把病例報告以電郵方式發送給輝瑞。

發送後不到二十四小時，阿莫西林／克拉維酸鉀的業務代表就打電話到我的辦公室，提出願意捐贈德克斯需用到的所有抗生素。隔天，輝瑞獸醫部門的主管打電話來，詢問她是否可以親自收養德克斯。很顯然地，他們在開始讀報告時就已經感動得無法自已，甚至都還沒讀完整份報告就趕緊聯絡我，因為他們不知道德克斯已經被治癒並被收養了。

我把這通電話的內容告訴了史蒂夫，他微笑著說：「我覺得你該去買泳衣了。」

「為什麼？」

「你會贏得大獎的，我們要去夏威夷了！」

結果我真的贏得了這次比賽。我們的夏威夷之行非常精彩，但真正的獎品其實是拯救了一隻非常值得我們這麼做的、可愛的狗的生命，並將他安置在永遠的家中。無論有沒有得獎，我都會毫不猶豫地再次這麼做，因為那隻搖尾巴的小狗和那雙充滿感激的眼睛，讓這一切都值得了。

隨著年齡的增長，我越來越相信，即使是壞事也都有其原因。

有一天，我接到一通電話，內容是關於一隻年老的巴哥犬。這隻巴哥犬有許多健康問題，被遺棄在當地收容所。收容所的人知道我熱愛巴哥犬，也瞭解我在幫助無家可歸動物方面許下的承諾，因此希望我能幫忙接手他的認養程序。

他的健康問題是長期忽視所致。他有皮膚感染、耳朵感染、臉部皺褶和腳趾間的真菌感染，爛牙造成的氣味也十分難聞。他走路時一跛一跛，而且尚未進行絕育手術。

經過幾週的抗生素治療以及一場拔掉十五顆牙的牙科手術和絕育手術後，「帕格利」終於成為一隻可以見人的狗了。不過他依然年老，而且因為關節炎和一隻沒有癒合的右前腿而跛行（儘管那條腿不會痛，但他走路的樣子變得很奇怪）。除此之外，醫學上已沒有可以做的事了。

現在我得要為帕格利找一個新家。這將是一個不簡單的任務，畢竟誰會想要一隻年老、跛腳、沒牙齒的狗呢？

我的一位年長客戶吉諾維斯先生，獨自一人住在格林威治村，與他的十四歲狗狗「荷莉」一起生活。有天他告訴我：「荷莉不太對勁……她沒什麼食欲，還一直咳嗽。我很擔心她。」

這些症狀可能是心臟或肺部出了問題。荷莉的X光片顯示她的胸部有大量液體。我將液體引流排出後再次拍攝X光片，結果顯示她的肺部有一個大腫瘤。實驗室結果確認了是癌症。我很不想把這個消息告訴吉諾維斯先生，八十歲高齡的他自己也有許多健康問題，重度關節炎讓他必須使用拐杖或助步器行走。

「我真的很抱歉，但對荷莉來說，我們已經沒有更多治療可以做了。」

「我想也只能這樣了，我們必須和她告別了。」

於是我去了他那間租金穩定的一房公寓，為他心愛的伴侶安樂死。吉諾維斯先生表現得很勇敢，但我知道失去荷莉對他來說會是重大的創傷。那天離開時我的心裡很難過，因為我知道當我一關上門，吉諾維斯先生就會再次孤單地面對這個世界。他沒有家人，許多朋友要不是已經去世，就是搬離了這座城市。

我隔天打電話給他，想知道他的情況。「你好，艾咪醫師。」他的聲音比起昨天聽起來更顯老態。「請等一下，醫師。」過了一會兒他再次拿起電話，聲音正常多了，我才意識到他讓我等待，原來是去裝上假牙。「我還好，就是沒了荷莉，這裡真的很難待下去。我一直在沙發上找她，然後才想起來她已經走了。」

「我想跟你談談我最近治療的一隻狗，」我說：「他是一隻被遺棄的老臘腸犬，需要一個新家。不過情況可能不簡單，因為他走路不太靈活，而且已經拔掉了大部分的牙齒。」不過再次地，我的寵物配對者直覺告訴我「一定可以」。

「帶他來吧，」他勇敢地說。「讓我看看他。」

幾分鐘後，吉諾維斯先生就決定收養了。帕格利在公寓裡和吉諾維斯先生一起，看起來也非常自在。我隔天再去看他們兩個時，吉諾維斯先生說：「我想我們很快就會成為朋友，我們有很多共同點。我們都走不太動，都沒有牙齒，還都會打呼。我猜我們應該是注定要一起生活的。」

我笑了。

像這樣的案例經常讓我思考，究竟是誰被救援了？

18 治癒的好方法
A Good Way to Heal

我無法告訴你有多少次在寵物過世後，飼主曾告訴我說：「我再也不會養寵物了。」甚至連我自己也曾經說過這樣的話。因為這些話通常是在身處巨大悲傷中說出來的，我們想要保護自己，避免再次承受同樣的痛苦。我認為這樣的自我保護也是哀悼過程的一部分。

每個人願意再次打開心扉、重新去愛一隻新寵物的時間長短並不相同。但就算是我，我那顆破碎的心最終也能夠再次去愛。而且根據我自己的經驗，最好的療癒方式就是拯救一隻需要你的寵物，就像你也需要牠們一樣。

我心愛的盲眼狗碰碰在十五歲時安詳離世，我們一同在家中度過最後的時光，然後他在史蒂夫的懷裡去世。雖然我們知道他已經過了很長一段的美好生活，但史蒂夫和我依然難以面對這份悲痛。我們才剛結婚不久，而我們新婚的喜悅很快就被傷心的失落打斷了。我們的新家瞬間變得空蕩蕩的。

我把自己埋首於工作之中，只要我全心投入工作，我就不會沉浸在悲傷裡。然而，每當我工作結束回到家裡、整個人筋疲力盡時，我會漫無目的地在公寓裡走來走去，無意識地尋找小碰碰。我經常覺得看到他躺在牆邊睡覺，但結果只是看到一雙鞋，甚至只是一個陰影。經過多年相伴，他的存在已經深深烙印在我的大腦裡。

一年過去了，雖然我依然非常想念碰碰，但我意識到我現在開始渴望有狗陪伴的生活。當我開始提起想再養一隻狗時，史蒂夫立刻就轉移話題。幾次嘗試後，我意識到我的丈夫和我在這個人生的重大議題上並不一致。

「史蒂夫，」我問他：「你覺得我們什麼時候可以再養一隻狗？」

「我沒辦法。我真心覺得我可能永遠都不會再養寵物了。我無法再經歷那種痛苦，」史蒂夫一邊說著，眼裡泛起了淚光。接著他說出我自己曾說過很多次的話：「如果一切順利的話，你心愛的寵物總會在你之前離世，這是我再也不想經歷的事。」

又過了幾個月，沒有狗的日子仍然讓我的心感到空虛。我能理解史蒂夫對未來痛苦的恐懼，但我也知道那些充滿愛與陪伴的歲月是值得的。於是我再加把勁，在他依然不同意時，我直接告訴他我**需要**一隻狗。

「我懂，」他對我說：「如果你真的需要一隻狗，那麼我認為我們應該為你養一隻。但你必須明白，我還沒有準備好再去愛一隻狗，我就是無法做到。」

我感謝他理解我的需求，並且願意妥協。

「除非你同意，否則我不會做任何決定，不過我會開始查詢一些關於救援巴哥犬的消息。」我說完之後，他點點頭表示同意。

我擁有過的每隻寵物都是救援動物，這次我當然也打算這麼做。儘管救援巴哥犬並不容易找到，很可能需要好幾個月，甚至好幾年，才能找到合適的狗。不過這樣剛好可以讓史蒂夫有時間去適應這個想法。

令我驚訝的是，在我發布查詢後的一個星期，就接到關於「史考魯夫」的電話，這是一隻目前由寄養家庭照顧的救援巴哥犬，牠的寄養家庭就在我們家附近。

那天晚上我下班回家時，為史蒂夫調了一杯琴湯尼，告訴他說：「親愛的，有好消息。」

他看著我，沒有說話。因為他已經看到「巴哥犬」三個字寫在我的臉上。

「我要去看那隻狗，」我說：「沒有你在的話，我不會做任何決定。」

「我們不論做任何事都是彼此的夥伴，所以如果這隻狗有可能成為我們的成員，若你要去見牠，我會陪你一起去。」他的眼神說明了他有多愛我，我立刻親了他一下。

「我明天早上七點會去見牠，就在我出門看診之前。」我告訴他。

「我不喜歡這個時間，但好吧。」他同意了。

我再次為他倒滿了琴湯尼，而且一整晚都在幫他加滿。

第二天早上七點，我們敲了寄養家庭的門，隨後傳來史考魯夫刺耳的叫聲。當門打開時，我們看到牠就像顆長著腿的風滾草一樣。因為這隻活蹦亂跳、狂吠不止的小傢伙四處亂竄，追著自己的尾巴跑，根本沒在理我們。我們跟牠一起待了半小時，直到我不得不離開趕去工作。史蒂夫令我驚訝地開口問了寄養家庭，他是否可以再多待一會兒。他還想多瞭解一下史考魯夫，所以問了是否可以帶牠出去散步。過去史蒂夫最喜歡的時光，就是和碰碰在街區和中央公園裡長長的散步。

我們一天都沒機會交談，當我們晚上回到家時，他說：「艾咪，我一直在想這件事。」

這個開場白聽起來不太妙。

「史考魯夫是隻漂亮的狗，但牠不是我們的狗。我和牠沒有建立起情感的聯繫。我帶牠出去散步，試著讓牠和我互動——至少看著我——但是牠完全不感興趣。牠需要的是一個有孩子和大院子的鄉村家庭。我很抱歉。」

史蒂夫說得對。事實上，我也沒有和史考魯夫建立起任何情感聯繫。「我同意，」我告訴他。

「但這次的經歷讓我意識到，我確實想再擁有一隻狗，」他繼續說，「我覺得我**需要**一隻狗，就像你也需要一樣。只是史考魯夫不是那隻狗。這樣說沒問題吧？」

「完全沒問題，」我回答。那隻錯誤的狗讓史蒂夫做出了正確的決定，也讓我鬆了口氣。我欠史考魯夫一個人情，後來我幫牠配對給一個位於紐約州北部的大家庭，既熱情又活力十足的一群人。

「還有一件事，」他說，「雖然這個時機似乎正確，但你不能強求愛情。愛情必須在它自己想來的時候來到我們身邊。就像我們兩個人一樣。」

一個月後，我接到了位於萊辛頓大道的美國犬舍（American Kennels）經理的電話。

這家店已經經營很多年，在我還是小孩的時候，父母會帶我到這裡看櫥窗裡亂滾的小狗。我當時完全不知道這些寵物店的小狗，全都來自那些過度繁殖並且對狗狗照顧不周的小狗工廠。在小孩眼中，我只看到了可愛的小狗。

但作為已是成年人的獸醫，我早就發誓不再和這種商店打交道了。我認識這家店的經理麥克，他其實不是壞人。他很關心那些小狗，而且對牠們很好。只是作為員工，他不得不遵守老闆的規定。不過今天他想打破其中一條規定，這就是為何他會打電話給我。

「艾咪，我需要你的幫忙。我們店裡有隻四個月大的黑色巴哥犬，」他說：「我們剛剛發現牠完全失明了。牠是隻很棒的小狗，但現在我們知道牠是盲狗，就不能再出售了，牠得，嗯，必須走。」麥克知道我對巴哥犬的深厚感情，還見過我養的盲巴哥犬碰碰，所以他很聰明地知道要打通電話給我。

「必須走」的意思，就是這隻小狗會被安樂死。我趕緊問：「什麼時候？」

「今天五點。」

天啊。「我會盡快過去。」我毫不猶豫地指示司機改道，直接前往那家寵物店。

一小時後，我抱著一隻英俊的黑色盲巴哥犬小狗，正在回家的路上。

我打電話給史蒂夫：「親愛的，我今天遇到了一隻巴哥犬。」

短暫的沉默，他回答：「好吧，牠有什麼問題？」

「牠是盲狗。」

「牠現在在哪裡？」他就像個好律師一樣問我。

「和我在一起。」

「好，那你在哪裡？」

「車裡，快到家了。」

我們停車時，史蒂夫正在人行道上等我。當他打開車門時，我緊張地把小狗交給他。史蒂夫把牠舉起來看了一眼，小狗立刻開始舔他的臉。走上階梯的一路上，這隻小狗不斷舔著史蒂夫的臉。

正如史蒂夫說的，「李奧納多」在接下來的十四年中，持續不斷地舔著他的臉。史蒂夫深深愛上了牠。我們幫牠取名為李奧納多的原因有很多，但最主要的原因是牠擁有一顆獅子般的心和大師級藝術家的眼光（來自李奧納多．達文西所繪《聖．傑洛姆在曠野》）。

我們從未停止思念碰碰，但在李奧納多進入我們的生活時，發生了一件奇妙的事——每當我們再次回想起碰碰時，現在已經不會只專注於悲傷了，而是能夠回憶起那些美好的記憶。李奧納多這隻珍貴的、被救援的，也是眼盲的小狗，已經開始療癒我們破碎的心。我們知道，一定是碰碰派牠來的。

我把我的職涯奉獻給治療動物，並對動物如何療癒我們充滿了敬畏和感激。只要牠們在身邊，就能填滿我們的心。我們為牠們提供食物和住所，輕而易舉地給牠們我們的愛，**而牠們以自己所有的一切回報我們**。我們能為牠們的忠誠和陪伴做些什麼呢？相較之下並不多：年度健康檢查和注射疫苗；生病時的藥物和支持照護；以及，當牠們該離開時，一個人道的告別。這是一筆非常划算的交易。藉由這些事，我們履行了那個未曾說出口的約定，去愛牠們，照顧牠們，並且**讓牠們也愛我們，關心我們**，一直到我們彼此能在一起的時光結束為止。而在這個過程中，我們讓我們的家——也就是牠們的整個世界——被打造成我們共同擁有的最佳場所。

致謝
Acknowledgments

我一直渴望寫下這本書，而且幾乎是從我懂事以來就有這個念頭。我有來自多年經歷的幾百個故事——但我該如何把這些故事串在一起呢？後來我意識到，就像我生命中許多艱難的事情一樣，我無法獨自完成這個任務。所以我有太多人必須感謝，他們幫助我達成成為一名獸醫的夢想，開創了一家獨特的診所，並且寫完了這本書。

首先，我要感謝我的家人。我慈愛的父母對我成為一名「獸醫」的夢想，以及我哥哥路易斯成為「人類醫師」的夢想，給予了無比的支持。這些年來，他們總在某個時刻幫助我走到今天的位置（不論是字面上或是比喻）。爸爸曾經開車載我到加拿大邊境，讓我在那裡做一份暑期農場工作，媽媽和路易斯則在我去康乃爾大學面試時開車陪伴我。記得媽媽在參觀時看到一頭牛正在動手術，差點暈倒了。我剛創辦「城市寵物」時，他們會在聚會上幫我發傳單，也協助處理辦公室事務，甚至輪流開車帶著我的團隊穿梭在曼哈頓的街道上，直到我（幸運地）找到一位固定的司機。我知道爸爸如果還在人世的話，一定會為我感到無比的驕傲，並且會細心閱讀這本書的。

實現成為獸醫這個畢生夢想的第一步，就是遇見了森林山貓醫院的創辦人盧格醫師，我從十幾歲時就開始在那裡當志工。他不僅是一位優秀、富有同情心的獸醫，而且還是開創獨特的「純貓科診所」潮流的先驅。他還相信了一個咄咄逼人的十四歲孩子對他說的話：「我必須成為一名獸醫。」

如果沒有現在和過去的同事團隊，城市寵物就不可能存在。我必須從喬治．西蒙諾夫（George Simonoff）開始，從那個動盪、不確定的第一天起，他就開始無私地幫助我（「告訴我可以幫你什麼？」）。從那一刻起，他就成為我最偉大的支持者和最親密的朋友。同樣要特別感謝我的老朋友吉恩．所羅門（Gene Solomon）。他是我第一次在公園大道工作時的高級獸醫，也是我突然發現自己失去醫院工作時的救星。吉恩當時毫不猶豫地救了我，提供我物質和情感上的支持，一直持續到今天都是如此。

當然也要感謝目前在城市寵物的團隊，他們當中有許多人已經陪在我身邊多年甚至好幾十年。還有我二十多年的同事丹妮爾．道爾頓醫師（Dr. Danielle Dalton），她對待每位病患就像對待自己養的寵物一樣。才華橫溢、富有同情心的技術人員卡莉達．費南德斯（Carida Fernandez）以及珍妮．倫茨（Jeanine Lunz）也跟我一起工作了幾十年，他們都為這些毛茸茸的患者及其家人付出了百分之百的努力。回到辦公室這個複雜的後勤指揮中心裡，埃琳娜．瓊斯（Elena Jones）和詹姆斯．沃布里頓（James Warbritton）不僅富有同情心地滿足客戶及其寵物的需求，還能巧妙地安排這些客戶的出診日程。感謝卡洛斯．雷薩馬（Carlos Lezama）讓我們安全到達任何地方。也要感謝莎莉．金（Shari

King）、魯維姆・克魯普尼卡斯（Ruvim Krupnikas）和桑德拉・麥克—瓦倫西亞（Sandra Mack-Valencia），他們是早期團隊的重要成員。我還要特別感謝瑪莎・奧喬亞（Martha Ochoa），她最初是我們的助理，後來成為我們家庭的一員。

感謝約翰・帕奇（John Patch），他在十幾年前給我一個機會，讓我在他的廣播節目《會說話的寵物》（*Talking Pets*）中講述我遇到的一些故事。正是透過準備一系列每星期五分鐘閱讀材料的練習，協助我創建了早期故事的草稿，這些故事後來成為本書的核心，讓我知道這些故事值得被講述出來。

每個獸醫在出書時，應該都會感謝偉大的吉米・哈利。就我而言，這是相當個人的事。我是在十四歲時讀到《大地之歌》，而當我還是一名獸醫學院的學生時，我很開心能在約克郡見到他。哈利的真名是阿爾夫・懷特（Alf Wight），他的故事以及他對故事裡照顧的病患及其飼主的愛，激勵我踏上自己的獸醫旅程。受到哈利書籍的啟發（我桌上一直擺著一本《大地之歌》），我開始寫那些獨特的人、寵物和經歷。一九九九年我造訪了英國瑟斯克，參加哈利博物館（Herriot Museum）的開幕儀式，該博物館位於他居住和執業的大樓內，我跟他的女兒蘿西（Rosie）和兒子吉姆（Jim）成為了朋友，蘿西是一位退休醫師，他的兒子吉姆則和父親一起工作，也是一位獸醫。有了他們作為與哈利本人的私人聯繫，絕對有助於讓他的獸醫火焰在我內心中熊熊燃燒。

我還必須感謝瓦萊麗・弗蘭克爾（Valerie Frankel），她透過多次的午餐、長時間的電話以及餵養小雞的週末，協助我把我的故事變成這本《寵物和城市》。她的專業指導對我非常重要，我也很珍惜能有她成為我的摯友。

感謝我的編輯米雪兒・豪瑞（Michelle Howry）。從第一次 Zoom 聊天室通話中，我就知道我喜歡和她一起工作，而我的判斷是對的。她和 PRH 的團隊，包括艾許莉・迪迪奧（Ashley Di Dio）、艾許莉・休利特（Ashley Hewlett）、克里斯汀・比安科（Kristen Bianco）和希娜・帕特爾（Shina Patel），都給了我大力支持。尤其感謝大衛・布萊克（David Black），我的朋友、愛狗人士兼經紀人。當我真正需要他時，他簽下了這個項目並承諾永遠待在我身邊，讓我永遠心存感激。

感謝我自己身邊非常特別的寵物們——包括我所有巴哥犬，以及穀倉貓米斯凱特，她幫助我度過了一個艱難的夏天，以及此後的許多年。他們不僅豐富了我的生活，也教會了我真正的同情心。在他們都病重的那些年裡，我被迫從獸醫變成寵物媽媽——讓我從另一邊（客戶端）學會如何成為更好一個的獸醫。

從公爵夫人（我的第一隻巴哥犬，他讓我瞭解自己對狗的熱愛）到碰碰（我從賓夕法尼亞大學獸醫學校前的樹上救出來的盲巴哥犬），再到富麗堂皇的李奧納多（他真的擁有「原力」，可以在沒有皮帶的情況下，徒步穿越冰冷的山路），到溫斯頓（一隻巴哥犬小狗，很小隻，病得很重，卡莉達把他放在背包裡帶到我身邊，當他痊癒後我非常愛他，因此不得不留下他）——每隻狗對我來說都如此珍貴。隨著這些狗去世，在接下來的幾年裡，我們陸續養了克麗奧佩脫拉（一隻優雅、情緒化的成年黑色巴哥犬，我丈夫稱她為女朋友）和埃爾米特（她的名字受到寄居蟹的啟發。因為她剛來的時候，非常害怕我們，她會躲在自己的小床下，背著床走來走去）。不過埃爾米特的名字最終因為外型而演變成「肉球」了。

在寫這本書的過程中，我們的克麗奧佩脫拉去世了，享年十六歲。遺憾的是，三個月後小肉球也因為嚴重的疾病過世，距離她九歲生日僅差兩週。我們知道她是因為無法在沒有大姐克麗奧佩脫拉的情況下生活。史蒂夫和我也面臨同樣的困難，每分每秒都深刻感受到這兩個靈魂的缺席。在寫下這些字時，是我人生中第一次沒有養寵物的日子，我也第一次覺得我的生活是不完整的。我知道總有一天，會有一隻救援動物來到我們的生活中，但我破碎的心必須先開始療癒。

我把我的丈夫史蒂夫留到最後來感謝，因為我有太多要感謝他的地方。三十多年來，他一直是我的伴侶和最好的朋友。我們共享對旅行、美食、葡萄酒、戲劇、音樂、書籍，當然還有對動物的熱愛——各種類型的動物，無論是家養或野生動物，無論是還在世或是離開的動物，史蒂夫一直都是我最大的支持。他鼓勵我去追求任何我想做的事，並告訴我我當然可以做到。我果然做到了，因為我知道他永遠會在我身邊。每次我工作完回到家，告訴他：「你絕對不會相信今天發生了什麼事！」他就會叫我坐下來，把故事寫下來。然後他閱讀（並編輯）我寫的每一個字，讓它們變得更好。我真是太幸運了，能找到並和我生命中的摯愛在一起。

當然，正是一隻狗讓我們走到了一起。

遍地 02

寵物和城市：

一位出診獸醫與她的貓狗客戶，以及他們的真實生活

Pets and the City: True Tales of a Manhattan House Call Veterinarian

作　　者　艾咪・阿塔斯（Amy Attas）
譯　　者　吳國慶

總 編 輯　成怡夏
責任編輯　成怡夏
行銷總監　蔡慧華
封面設計　倪旻鋒
內頁排版　宸遠彩藝

出　　版　遠足文化事業股份有限公司 鷹出版
發　　行　遠足文化事業股份有限公司（讀書共和國出版集團）
　　　　　231 新北市新店區民權路 108 之 2 號 9 樓
客服信箱　gusa0601@gmail.com
電　　話　02-22181417
傳　　真　02-86611891
客服專線　0800-221029

法律顧問　華洋法律事務所 蘇文生律師
印　　刷　成陽印刷股份有限公司

初　　版　2025 年 5 月
定　　價　520 元
I S B N　978-626-7255-86-5
　　　　　978-626-7255-88-9 (EPUB)
　　　　　978-626-7255-87-2 (PDF)

This edition is published by arrangement with G.P. Putnam's Sons, an imprint of Penguin Publishing Group, a division of Penguin Random House LLC through Andrew Nurnberg Associates International Limited.

國家圖書館出版品預行編目 (CIP) 資料

寵物和城市：一位出診獸醫與她的貓狗客戶，以及他們的真實生活 / 艾咪 . 阿塔斯 (Amy Attas) 作 ; 吳國慶譯 . -- 初版 . -- 新北市 : 鷹出版 : 遠足文化事業股份有限公司發行 , 2025.05

面；　公分 . -- (遍地 ; 2)

譯自 : Pets and the city : true tales of a Manhattan house call veterinarian

ISBN 978-626-7255-86-5(平裝)

1. 阿塔斯 (Attas, Amy.)　2. 獸醫師　3. 獸醫學　4. 寵物飼養

437.28　114002242

ISBN 978-626-7255-86-5　NT$ 520

鷹出版
EAGLE PUBLISHING

BOOK REPUBLIC
讀書共和國出版集團
發行平台